虚拟化技术与应用

主　编　刘海燕
副主编　纪兆华　国海涛　于　鹏　丁银军
参　编　陈　婷

北京理工大学出版社
BEIJING INSTITUTE OF TECHNOLOGY PRESS

内 容 简 介

VMware vSphere 8.0 是 VMware 公司推出的虚拟化产品。本教材根据作者讲授 VMware 虚拟化课程、应用 VMware 虚拟化产品的经验及企业实际虚拟化项目案例,在参考 VMware vSphere 8.0 原版手册和国内外同类图书的基础上,从应用者的角度描述了 VMware vSphere 的应用和基于 VMware ESXi 的虚拟化应用。

本教材基于"项目导向、任务驱动、工学结合"的项目化教学方式编写而成,依据真实的企业虚拟化项目,将内容划分为 6 个项目:VMware Workstation 的部署实施、VMware ESXi 的部署实施、VMware vCenter Server 的部署实施、服务器虚拟化的基本配置、服务器虚拟化的高可用性部署与实施、虚拟化运维。

本教材对实际的虚拟化项目进行了模拟实施转换。通过 VMware Workstation Pro 虚拟机代替真实的物理服务器,从而达到实操过程中的硬件要求。充分利用现有的硬件资源来组织课程的教学,方便了学生的任务实施。每个项目配有 PPT 和视频,可以使用手机扫描书中的二维码进行观看。

本教材内容全面,条理清晰,理论难度适中,实验操作丰富,图文并茂,以便于读者自学。本教材可作为云计算技术应用专业、计算机网络技术、信息安全与管理、计算机应用技术等专业的虚拟化技术课程教学用书,也可作为学习 VMware 虚拟化技术的参考用书。

版权专有 侵权必究

图书在版编目(CIP)数据

虚拟化技术与应用 / 刘海燕主编. -- 北京:北京理工大学出版社,2023.9(2024.2 重印)

ISBN 978 - 7 - 5763 - 2890 - 5

Ⅰ. ①虚… Ⅱ. ①刘… Ⅲ. ①数字技术 Ⅳ. ①TP3

中国国家版本馆 CIP 数据核字(2023)第 175262 号

责任编辑:王玲玲 **文案编辑**:王玲玲
责任校对:刘亚男 **责任印制**:施胜娟

出版发行 /	北京理工大学出版社有限责任公司
社　　址 /	北京市丰台区四合庄路 6 号
邮　　编 /	100070
电　　话 /	(010) 68914026(教材售后服务热线)
	(010) 68944437(课件资源服务热线)
网　　址 /	http://www.bitpress.com.cn
版 印 次 /	2024 年 2 月第 1 版第 2 次印刷
印　　刷 /	涿州市新华印刷有限公司
开　　本 /	787 mm×1092 mm　1/16
印　　张 /	19.75
字　　数 /	440 千字
定　　价 /	59.80 元

图书出现印装质量问题,请拨打售后服务热线,负责调换

前言

党的二十大报告提出:"推动战略性新兴产业融合集群发展,构建新一代信息技术、人工智能、生物技术、新能源、新材料、高端装备、绿色环保等一批新的增长引擎。"云计算作为新兴信息技术之一,支撑着数字经济发展,也是产业升级的重要基石。虚拟化是云计算最重要的核心技术之一,它为云计算服务提供基础架构层面的支撑,因此,学生应掌握虚拟化技术并能运用虚拟化技术分析和解决专业问题。

本教材以 VMware vSphere 8.0 为例,依据企业虚拟化案例划分为 6 个项目。项目一以 VMware Workstation Pro 为例,讲述了虚拟机的定义、组成文件以及使用 VMware Workstation 创建虚拟机、安装操作系统等基本操作。项目二讲述了 VMware ESXi 的安装、管理和使用。项目三讲述了 VMware vCenter Server 的安装、管理和使用。项目四讲述了 vSphere 标准交换机、分布式交换机的创建、使用以及 vSphere 虚拟化环境中存储的创建、管理和使用。项目五讲述了 vSphere vMotion、vSphere DRS、vSphere HA 和 vSphere FT 的配置和使用。项目六讲述了 VMware vSphere Replication、VMware Converter Standalone 和 vRealize Operations Manager 的安装与配置,实现 vSphere 的运维管理。

本教材的主要特点:

(1)教材基于"项目导向、任务驱动、工学结合"的项目化教学方式编写而成,以 6 个项目 15 个工作任务为内容载体,体现"基于工作过程"和"教、学、练、做、用"一体化的教学理念,注重学生知识、能力、素质的培养。

(2)教材的内容融入了"1 + X"证书云计算平台与运维(初级)中虚拟化技术部分的内容和 VMware 虚拟化工程师认证的内容,考核评价体系参考了高职云计算技术国赛的考核评价方法。

(3)教材安排条理清晰,由浅入深,理论难度适中,并与实际操作紧密结合。

(4)教材总结了在项目实现过程中易出现的问题,并提供了解决方法。

(5)每个项目均有配套的教学 PPT 课件和远程教学视频供学习者参考,每个项目的操作实验和一些不易理解的重点与难点的微课均可使用手机扫描书中的二维码进行观看。同时,虚拟化技术课程已在超星在线平台搭建了在线课程(https://www.xueyinonline.com/

detail/235804448），方便读者学习。

  本教材的编写人员包括一线教师和来自企业的一线教师。其中，北京信息职业技术学院刘海燕担任主编，山东商业职业技术学院国海涛、北京信息职业技术学院纪兆华、新华三技术有限公司于鹏和山东轻工职业学院丁银军担任副主编，北京信息职业技术学院陈婷参与编写。

  本教材的编写得到了2022年北京市职业教育教学改革项目"新时代高职计算机类课程学习效果评价体系构建与实施"（课题编号HG2022003）；北京市教育科学"十四五"规划2023年度课题"数字化时代高职学生职业行动能力提升路径研究"（课题编号AEDB23169）的支持，在此表示感谢！

  在本教材的编写过程中，参考了VMware公司的原版文档和一些学者的著作与论文，在这里一并表示感谢！

  由于编者水平有限，本书难免存在疏漏或不足之处，敬请广大读者批评指正，编者将非常感谢！

编　者

目 录

项目一 VMware Workstation 的部署实施 ·· 1
【项目介绍】 ··· 1
【项目目标】 ··· 1
　一、知识目标 ··· 1
　二、能力目标 ··· 1
　三、素质目标 ··· 1
【项目内容】 ··· 1
任务一 认识虚拟机 ··· 1
【任务介绍】 ··· 1
【任务目标】 ··· 2
【相关知识】 ··· 2
　1.1 虚拟机基础 ·· 2
　1.2 VMware Workstation Pro 简介和使用 ·· 4
【任务总结】 ··· 8
【任务评价】 ··· 9
任务二 VMware Workstation 的使用 ··· 9
【任务介绍】 ··· 9
【任务目标】 ··· 9
【任务实施】 ·· 10
　1.3 VMware Workstation Pro 的安装 ··· 10
　1.4 VMware Workstation Pro 的基本配置 ·· 13
　1.5 虚拟机的创建与操作系统安装 ··· 17
　1.6 虚拟机的基本操作 ··· 34
【任务总结】 ·· 55
【任务评价】 ·· 55

- 1 -

项目二　VMware ESXi 的部署实施　　56

【项目介绍】　　56
【项目目标】　　56
一、知识目标　　56

二、能力目标　　56

三、素质目标　　56

【项目内容】　　56

任务一　vSphere 概述　　56
【任务介绍】　　56
【任务目标】　　57
【相关知识】　　57
2.1　虚拟化技术概述　　57

2.2　VMware vSphere 虚拟化架构简介　　58

2.3　vSphere 主要功能及组件　　59

【任务总结】　　60
【任务评价】　　61

任务二　ESXi 的安装配置与基本应用　　61
【任务介绍】　　61
【任务目标】　　62
【相关知识】　　62
2.4　VMware ESXi 概述　　62

【任务实施】　　63
2.5　VMware ESXi 8.0 安装　　63

2.6　VMware ESXi 8.0 控制台设置　　73

2.7　管理 VMware ESXi 8.0　　81

【任务总结】　　100
【任务评价】　　101

项目三　VMware vCenter Server 的部署实施　　102

【项目介绍】　　102
【项目目标】　　102
一、知识目标　　102

二、能力目标　　102

三、素质目标　　102

【项目内容】 ... 102

任务一　vCenter Server 8.0 的安装 ... 102

【任务介绍】 ... 102
【任务目标】 ... 103
【相关知识】 ... 103
3.1　vCenter Server 概述 ... 103
【任务实施】 ... 103
3.2　vCenter Server 8.0 安装 ... 103
【任务总结】 ... 116
【任务评价】 ... 117

任务二　使用 VMware vCenter Server 集中管理虚拟机 ... 117

【任务介绍】 ... 117
【任务目标】 ... 118
【任务实施】 ... 118
3.3　虚拟机管理 ... 118
【任务总结】 ... 144
【任务评价】 ... 145

项目四　服务器虚拟化的基本配置 ... 146

【项目介绍】 ... 146
【项目目标】 ... 146
一、知识目标 ... 146
二、能力目标 ... 146
三、素质目标 ... 146
【项目内容】 ... 147

任务一　VMware vSphere 网络配置 ... 147

【任务介绍】 ... 147
【任务目标】 ... 147
【相关知识】 ... 147
4.1　vSphere 虚拟网络介绍 ... 147
【任务实施】 ... 149
4.2　管理与使用 vSphere 标准交换机 ... 149
4.3　管理与使用 vSphere 分布式交换机 ... 167
【任务总结】 ... 177

【任务评价】 ... 177

任务二 VMware vSphere 存储配置 ... 178

【任务介绍】 ... 178

【任务目标】 ... 178

【相关知识】 ... 178

    4.4 vSphere 存储介绍 ... 179

【任务实施】 ... 182

    4.5 配置 vSphere 存储 ... 182

【任务总结】 ... 214

【任务评价】 ... 215

项目五 服务器虚拟化的高可用性部署与实施 ... 216

【项目介绍】 ... 216

【项目目标】 ... 216

    一、知识目标 ... 216

    二、能力目标 ... 216

    三、素质目标 ... 216

【项目内容】 ... 217

任务一 vMotion 迁移 ... 217

【任务介绍】 ... 217

【任务目标】 ... 217

【相关知识】 ... 217

    5.1 vMotion 迁移介绍 ... 217

【任务实施】 ... 219

    5.2 使用 vMotion 迁移虚拟机 ... 219

【任务总结】 ... 224

【任务评价】 ... 225

任务二 vSphere 资源管理 ... 225

【任务介绍】 ... 225

【任务目标】 ... 226

【相关知识】 ... 226

    5.3 vSphere 资源管理介绍 ... 226

【任务实施】 ... 227

    5.4 管理与使用 DRS ... 227

【任务总结】··238
【任务评价】··238

任务三　vSphere 可用性···239

【任务介绍】··239
【任务目标】··239
【相关知识】··239
  5.5　vSphere HA 介绍···239
【任务实施】··240
  5.6　配置使用 vSphere HA··240
【任务总结】··246
【任务评价】··246

任务四　vSphere 容错···247

【任务介绍】··247
【任务目标】··247
【相关知识】··247
  5.7　vSphere FT 介绍···247
【任务实施】··247
  5.8　配置使用 vSphere FT··247
【任务总结】··254
【任务评价】··254

项目六　虚拟化运维··255

【项目介绍】··255
【项目目标】··255
  一、知识目标···255
  二、能力目标···255
  三、素质目标···255
【项目内容】··256

任务一　VMware vCenter Converter 安装与应用·············256

【任务介绍】··256
【任务目标】··256
【相关知识】··256
  6.1　VMware vCenter Converter Standalone 简介··············256
【任务实施】··257

6.2　VMware vCenter Converter Standalone 的安装与应用 ……………………………… 257

　【任务总结】………………………………………………………………………………… 266

　【任务评价】………………………………………………………………………………… 266

　任务二　VMware vSphere Replication 部署与应用 ……………………………………… 267

　【任务介绍】………………………………………………………………………………… 267

　【任务目标】………………………………………………………………………………… 267

　【相关知识】………………………………………………………………………………… 267

　　6.3　VMware vSphere Replication 简介 ……………………………………………………… 267

　【任务实施】………………………………………………………………………………… 268

　　6.4　VMware vSphere Replication 部署与应用 …………………………………………… 268

　【任务总结】………………………………………………………………………………… 285

　【任务评价】………………………………………………………………………………… 286

　任务三　vRealize Operations Manager 部署与应用 ……………………………………… 286

　【任务介绍】………………………………………………………………………………… 286

　【任务目标】………………………………………………………………………………… 287

　【相关知识】………………………………………………………………………………… 287

　　6.5　vRealize Operations Manager 简介 …………………………………………………… 287

　【任务实施】………………………………………………………………………………… 287

　　6.6　vRealize Operations Manager 部署与应用 …………………………………………… 287

　【任务总结】………………………………………………………………………………… 304

　【任务评价】………………………………………………………………………………… 304

项目一

VMware Workstation 的部署实施

【项目介绍】

　　VMware Workstation 是目前功能最全，性能最优的虚拟机之一，可以在一个窗口里管理运行的操作系统和应用程序，也可以在运行于桌面上的多台虚拟机之间进行切换，还可以通过网络来实现虚拟机的共享。本项目以 VMware Workstation Pro 为例，详细地介绍了虚拟机的定义、用途、组成文件以及虚拟机的基本操作，为后续虚拟化技术的学习奠定基础。

【项目目标】

一、知识目标

（1）掌握虚拟机的定义、用途、特性以及硬件功能。
（2）掌握 VMware tools 的作用。
（3）掌握虚拟网络三种形式的区别。
（4）掌握快照的定义以及组成文件，掌握克隆的作用及其分类。

二、能力目标

（1）学会 VMware Workstation 的安装。
（2）学会使用 VMware Workstation 对虚拟机进行管理。

三、素质目标

　　通过项目实施逐步提升学生的自学能力，加强学生动手实践能力。

【项目内容】

任务一　认识虚拟机

【任务介绍】

　　在本任务中，学习虚拟机的定义、组成文件以及 VMware Workstation 安装的系统要求、功能等基础知识。

【任务目标】

（1）掌握虚拟机的定义、组成文件。

（2）了解 VMware Workstation 的定义、用途、功能。

【相关知识】

1.1 虚拟机基础

Virual Machine 即虚拟机，从某种意义上看，其实也是一台物理机，与物理机一样，具有 CPU、内存、硬盘灯等硬件资源，只不过这些硬件资源是以虚拟硬件方式存在的。

授课视频：
虚拟机概述

1. 虚拟机的定义

虚拟机是一个可在其上运行受支持的客户操作系统和应用程序的虚拟硬件集，它由一组离散的文件组成。

虚拟机拥有操作系统和虚拟资源，其管理方式非常类似于物理机。例如，可以像在物理机中安装操作系统那样在虚拟机中安装操作系统。必须拥有包含操作系统供应商提供的安装文件的 CD-ROM、DVD 或 ISO 映像。

对于用户来说，能够分清"物理"计算机与"虚拟"计算机，而对于运行于计算机之中的操作系统来说，不会也无从分辨物理机与虚拟机的区别。对于操作系统来说，不管是物理机还是虚拟机，都是一样的。同样，对于运行在操作系统之上的软件来说，也是没有区别的。

2. 虚拟机的组成文件

1）.log 文件

（1）命名规则：<vmname>.log 或 VMware.log。

（2）文件类型：日志文件。

（3）说明：该文件记录了 VMware Workstation 对虚拟机调试运行的情况。当碰到问题时，这些文件对做出故障诊断非常有用。

2）.nvram 文件

（1）命名规则：<vmname>.nvram。

（2）文件类型：虚拟机 BIOS 文件。

（3）说明：该文件存储虚拟机 BIOS 状态信息。

3）.vmx 文件

（1）命名规则：<vmname>.vmx。

（2）文件类型：配置文件。

（3）说明：该文件为虚拟机的配置文件，存储着根据虚拟机向导或虚拟机编辑器对虚拟机进行的所有配置。

有时需要手动更改配置文件，以达到对虚拟机硬件方面的更改。可使用文本编辑器进行编辑。

如果宿主机是 Linux，使用 VM 虚拟机，这个配置文件的扩展名将是 .cfg。

4）.vmdk 文件

（1）命名规则：＜vmname＞.vmdk or ＜vmname＞－s###.vmdk。

（2）文件类型：磁盘文件。

（3）说明：这是虚拟机的磁盘文件，它存储了虚拟机硬盘驱动器里的信息。一台虚拟机可以由一个或多个虚拟磁盘文件组成。如果在新建虚拟机时指定虚拟机磁盘文件为单独一个文件，系统将只创建一个＜vmname＞.vmdk 文件。该文件包括了虚拟机磁盘分区信息，以及虚拟机磁盘的所有数据。

随着数据写入虚拟磁盘，虚拟磁盘文件将变大，但始终只有这一个磁盘文件。如果在新建虚拟机时指定为每 2 GB 单独创建一个磁盘文件，虚拟磁盘总大小就决定了虚拟磁盘文件的数量。系统将创建一个＜vmname＞.vmdk 文件和多个＜vmname＞－s###.vmdk 文件（s###为磁盘文件编号），其中，＜vmname＞.vmdk 文件只包括磁盘分区信息，多个＜vmname＞－s###.vmdk 文件存储磁盘数据信息。随着数据写入某个虚拟磁盘文件，该虚拟磁盘文件将变大，直到文件大小为 2 GB。然后新的数据将写入其他 s###编号的磁盘文件中。如果在创建虚拟磁盘时已经把所有的空间都分配了，那么这些文件将在初始时就具有最大尺寸并且不再变大了。如果虚拟机是直接使用物理硬盘而不是虚拟磁盘，虚拟磁盘文件则保存着虚拟机能够访问的分区信息。早期版本的 VMware 产品用 .dsk 扩展名来表示虚拟磁盘文件。

当虚拟机有一个或多个快照时，就会自动创建＜vmname＞－＜######＞.vmdk 文件。该文件记录了创建某个快照时，虚拟机所有的磁盘数据内容。######为数字编号，根据快照数量自动增加。

5）.vmsd 文件

（1）命名规则：＜vmname＞.vmsd。

（2）文件类型：虚拟机快照元数据文件。

（3）说明：该文件存储了虚拟机快照的相关信息和元数据。

6）.vmsn 文件

（1）命名规则：＜vmname＞－Snapshot＜##＞.vmsn。

（2）文件类型：虚拟机快照状态文件。

（3）说明：当虚拟机建立快照时，就会自动创建该文件。有几个快照，就会有几个此类文件。这是虚拟机快照的状态信息文件，它记录了在建立快照时虚拟机的状态信息。##为数字编号，根据快照数量自动增加。

7）.vmem 文件

（1）命名规则：＜vmname＞－＜uuid＞.vmem。

（2）文件类型：VMEM。

（3）说明：该文件为虚拟机内存页面文件，备份了客户机里运行的内存信息。这个文件只有在虚拟机运行时或崩溃后存在。

8）.vmss 文件

（1）命名规则：<vmname>.vmss。

（2）文件类型：suspend 文件。

（3）说明：该文件用来存储虚拟机在挂起状态时的信息。一些早期版本的 VM 产品用 .std 来表示这个文件。

9）.vmtm 文件

（1）命名规则：<vmname>.vmtm。

（2）文件类型：虚拟机组 team 的配置文件。

（3）说明：该文件为虚拟机组 team 的配置文件。通常存在于虚拟机组 team 的文件夹里。

10）.vmxf 文件

（1）命名规则：<vmname>.vmxf。

（2）文件类型：附件的配置文件。

（3）说明：该文件为虚拟机组 team 中的虚拟机的辅助配置文件。当一个虚拟机从虚拟机组 team 中移除的时候，此文件还会存在。

1.2 VMware Workstation Pro 简介和使用

VMware Workstation Pro 是 VMware Workstation 版本号升级到 12.x 以后的名称。VMware Workstation 16 Pro 延续了 VMware 的传统，即提供专业技术人员每天在使用虚拟机时所依赖的领先功能和性能。借助对最新版本的 Windows 和 Linux、最新的处理器和硬件的支持以及连接到 VMware vSphere 和 vCloud Air 的能力，它是提高工作效率、节省时间和征服云计算的完美工具。

1. VMware Workstation Pro 的系统要求

1）主机系统的处理器要求

（1）支持的处理器。

使用 2011 年或以后发布的处理器的系统，但是基于 2011 年 Bonnell 微架构的 Intel Atom 处理器、基于 2012 年 Saltwell 微架构的 Intel Atom 处理器以及基于 Llano 和 Bobcat 微架构的 AMD 处理器除外；使用基于 2010 年 Westmere 微架构的 Intel 处理器系统。

（2）64 位客户机操作系统的处理器要求。

虚拟机中运行的操作系统称为客户机操作系统。要运行 64 位客户机操作系统，主机系统必须使用下列某种处理器：

①具有 AMD－V 支持的 AMD CPU。

②带有 VT－x 支持的 Intel CPU。

如果使用了具有 VT－x 支持的 Intel CPU，必须确认已在主机系统 BIOS 中启用了 VT－x 支持。

---

① 参考文献：http://pubs.vmware.com/workstation－12/index.jsp。

2）支持的主机操作系统

可以在 Windows 和 Linux 主机操作系统中安装 Workstation Pro。

3）主机系统的内存要求

（1）主机系统最少需要具有 2 GB 内存。建议具有 4 GB 或更多。

（2）要在虚拟机中提供 Windows 7 Aero 图形支持，至少需要 3 GB 主机系统内存。有 1 GB 的内存分配给客户机操作系统，另有 256 MB 分配给图形内存。

4）主机系统的显示要求

（1）主机系统必须具有 16 位或 32 位显示适配器。

（2）为支持 Windows 7 Aero 图形，主机系统应使用 NVIDIA GeForce 8800GT 或更高版本图形处理器，或者使用 ATI Radeon HD 2600 或更高版本图形处理器。

5）主机系统的磁盘驱动器要求

主机系统必须满足某些磁盘驱动器要求。客户机操作系统可以驻留在物理磁盘分区或虚拟磁盘文件中。主机系统的磁盘驱动器要求见表 1–1。

表 1–1 主机系统的磁盘驱动器要求

驱动器类型	要求
硬盘	支持 IDE、SATA 和 SCSI 硬盘
	建议为每个客户机操作系统和其中所用的应用程序软件分配至少 1 GB 的可用磁盘空间。如果使用默认设置，则实际的磁盘空间需求大致相当于在物理机上安装/运行客户机操作系统及应用程序的需求
	对于基本安装，Windows 和 Linux 上应具备 1.5 GB 可用磁盘空间。可以在安装完成后删除安装程序来回收磁盘空间
CD–ROM 和 DVD 光盘驱动器	支持 IDE、SATA 和 SCSI 光驱
	支持 CD–ROM 和 DVD 驱动器
	支持 ISO 磁盘映像文件

6）主机系统的 ALSA 要求

要在虚拟机中使用 ALSA，主机系统必须满足特定要求。

（1）主机系统中的 ALSA 库版本必须为 1.0.16 或更高版本。

（2）主机系统中的声卡必须支持 ALSA。ALSA 项目网站提供了支持 ALSA 的声卡和芯片集的最新列表。

（3）主机系统中的声音设备不能静音。

（4）当前用户必须具有适当的权限才能使用声音设备。

2. VMware Workstation Pro 虚拟机功能

VMware Workstation Pro 虚拟机支持特定的设备并提供特定功能。

1）支持的客户机操作系统

客户机操作系统可以是 Windows、Linux 及其他常用操作系统。

2）虚拟机处理器支持

虚拟机支持特定处理器功能。

(1) 与主机处理器相同。

(2) 在具有一个或多个逻辑处理器的主机系统上使用一个虚拟处理器。

(3) 在至少具有 2 个逻辑处理器的主机系统上最多使用 16 个虚拟处理器（十六路虚拟对称多处理，简称虚拟 SMP）。

3）虚拟机芯片集和 BIOS 支持

虚拟机支持某些虚拟机芯片集和 BIOS 功能。

(1) 基于 Intel 440BX 的主板。

(2) NS338 SIO 芯片集。

(3) 82093AA I/O 高级可编程控制器（I/O APIC）。

(4) Phoenix BIOS 4.0 第 6 版（带 VESA BIOS）。

4）虚拟机内存分配

为单个主机系统中运行的所有虚拟机分配的内存总量仅受主机上的 RAM 量限制。

每个虚拟机的最大内存量为 64 GB。

5）虚拟机图形和键盘支持

虚拟机支持特定的图形功能。

(1) 支持 VGA 和 SVGA。

(2) 支持 104 键的 Windows 95/98 增强型键盘。

(3) 要在 Windows XP、Windows 7 或更高版本的客户机操作系统中使用 GL_EXT_texture_compression_s3tc 和 GL_S3_s3tc 开放图形库（OpenGL）扩展，必须在客户机操作系统中安装 Microsoft DirectX End – User Runtime。OpenGL 是用于定义 2D 和 3D 计算机图形的 API。可以从 Microsoft 下载中心网站下载 Microsoft DirectX End – User Runtime。

适用于 Windows 和 Linux 的 VMware 客户机操作系统 OpenGL 驱动程序仅支持 OpenGL 3.3 Core Profile。不支持 OpenGL 3.3 Compatibility Profile。

6）虚拟机 IDE 驱动器支持

虚拟机支持特定 IDE 驱动器和功能。

(1) 最多支持 4 个设备，包括磁盘、CD – ROM 驱动器和 DVD 驱动器。

(2) DVD 驱动器只能用于读取数据 DVD 光盘。

(3) 不支持 DVD 视频。

(4) 硬盘可以是虚拟磁盘或物理磁盘。

(5) IDE 虚拟磁盘的容量最高可以为 8 TB。

(6) CD – ROM 驱动器可以是物理设备或 ISO 映像文件。

7）虚拟机 SCSI 设备支持

虚拟机支持特定 SCSI 设备和功能。

(1) 最多支持 60 个 SCSI 设备。

(2) SCSI 虚拟磁盘的容量最高可以为 8 TB。

(3) 硬盘可以是虚拟磁盘或物理磁盘。

(4) 通用 SCSI 支持使用户无须在主机操作系统中安装驱动程序,即可在虚拟机中使用 SCSI 设备。通用 SCSI 支持适用于扫描仪、CD – ROM 驱动器、DVD 驱动器、磁带驱动器,以及其他 SCSI 设备。

(5) 支持 LSI Logic LSI53C10xx Ultra320 SCSI I/O 控制器。

8) 虚拟机串行和并行端口支持

虚拟机支持串行(COM)端口和并行(LPT)端口。

(1) 最多支持 4 个串行(COM)端口。输出可以发送到串行端口、Windows 或 Linux 文件,或者命名的管道。

(2) 最多支持 3 个双向并行(LPT)端口。输出可以发送到并行端口或主机操作系统文件。

9) 虚拟机 USB 端口支持

虚拟机可以拥有 USB 端口,并支持特定 USB 设备。

(1) 为所有虚拟机硬件版本均提供 USB 1.1 UHCI(通用主机控制器接口)支持。

(2) 如果虚拟机硬件兼容 Workstation 6 及更高版本的虚拟机,还提供 USB 2.0 EHCI (增强型主机控制器接口)支持。

(3) 为运行 2.6.35 或更高版本内核的 Linux 客户机以及 Windows 8 客户机提供 USB 3.0 xHCI(可扩展型主机控制器接口)支持。虚拟机硬件必须兼容 Workstation 8 及更高版本的虚拟机。

(4) 如果希望获得 USB 2.0 和 USB 3.0 支持,必须配置虚拟机设置,以启用 USB 2.0 和 USB 3.0 支持,并确保具有与之兼容的客户机操作系统和虚拟机硬件版本。

(5) 支持大多数 USB 设备,包括 USB 打印机、扫描仪、PDA、硬盘驱动器、存储卡读卡器和数码相机。还支持网络摄像头、扬声器和麦克风等流媒体设备。

10) 虚拟机鼠标和绘图板支持

虚拟机支持某些类型的鼠标和绘图板。

(1) 支持 PS/2 和 USB 类型的鼠标。

(2) 支持串行绘图板。

(3) 支持 USB 绘图板。

11) 虚拟机以太网卡支持

虚拟机支持特定类型的以太网卡。

(1) 虚拟机最多支持 10 个虚拟以太网卡。

(2) 支持 AMD PCnet – PCI Ⅱ以太网适配器。对于 64 位客户机,也支持 Intel Pro/1000 MT 服务器适配器。

12) 虚拟机网络连接支持

虚拟机支持特定以太网交换机和网络连接协议。

（1）在 Windows 主机操作系统中，最多支持 10 个虚拟以太网交换机。在 Linux 主机操作系统中，最多支持 255 个虚拟以太网交换机。

（2）默认情况下会配置 3 个交换机，分别用于桥接模式网络连接、仅主机模式网络连接和 NAT 模式网络连接。

（3）支持大多数基于以太网的协议，包括 TCP/IP、NetBEUI、Microsoft Networking、Samba、Novell NetWare 和网络文件系统（NFS）。

（4）内置 NAT 模式网络连接支持使用 TCP/IP、FTP、DNS、HTTP 和 Telnet 的客户端软件，还支持 VPN，从而实现 PPTP over NAT。

13）虚拟机声音支持

Workstation Pro 提供了兼容 Sound Blaster Audio PCI 以及 Intel 高保真音频规范的声音设备。Workstation Pro 声音设备默认为启用状态。

Workstation Pro 支持所有受支持 Windows 和 Linux 客户机操作系统中的声音。

声音支持包括脉冲代码调制（PCM）输出和输入。可以播放 .wav 文件、MP3 音频和 Real Media 音频。虚拟机通过 Windows 软件合成器为 Windows 客户机操作系统的 MIDI 输出提供支持，但是不支持 MIDI 输入。对于 Linux 客户机操作系统，虚拟机不提供 MIDI 支持。

Windows XP、Windows Vista、Windows 7 和最新的 Linux 分发版本可检测声音设备，并自动安装适用的驱动程序。

对于 Workstation 7.x 和更早版本的虚拟机，VMware Tools 中的 vmaudio 驱动程序会自动安装到 64 位 Windows XP、Windows 2003、Windows Vista、Windows 2008 和 Windows 7 客户机操作系统，以及 32 位 Windows 2003、Windows Vista、Windows 2008 和 Windows 7 客户机操作系统。

对于 Workstation 8.x 和更高版本的虚拟机，默认情况下会具有适合 64 位及 32 位 Windows Vista 和 Windows 7 客户机操作系统及服务器操作系统的高清晰度音频（HD 音频）设备。Windows 为不属于 VMware Tools 的 HD 音频提供了驱动程序。

在 Linux 主机系统中，Workstation 7.x 和更高版本可支持高级 Linux 声音架构（ALSA）。更早版本的 Workstation 使用开放声音系统（OSS）接口处理 Linux 主机系统中运行的虚拟机的声音播放和录制。与 OSS 不同，ALSA 不需要对声音设备进行独占访问。这意味着主机系统和多个虚拟机可以同时播放声音。

【任务总结】

在本任务中，介绍了虚拟机的定义、虚拟机的组成文件，详细地描述了安装 VMware Workstation Pro 对系统的要求，包括主机系统的处理器要求、支持的主机操作系统、主机系统的内存要求、主机系统的显示要求、主机系统的磁盘驱动器要求和主机系统的 ALSA 要求。

项目一 VMware Workstation 的部署实施

【任务评价】

序号	主要内容	考核要求	评分标准	配分	扣分	得分
1	任务实施	查阅资料，撰写报告：虚拟机概述	（1）虚拟机的定义、功能、用途、分类描述准确	16 分		
			（2）常用的虚拟机软件至少列举三类，并详细描述各自的优点	10 分		
			（3）从技术成果、市场份额、应用场景三个方面分析和阐述国产虚拟软件	40 分		
2	职业素养	（1）遵守学校纪律，保持实训室整洁干净；（2）文档排版规范；（3）小组独立完成任务	（1）不迟到，遵守实训室规章制度，维护实训室设备	6 分		
			（2）任务书中页面设计、正文标题、正文格式规范	6 分		
			（3）积极解决任务实施过程中遇到的问题	6 分		
			（4）同学之间能够积极沟通	6 分		
			（5）小组独立完成任务，杜绝抄袭	10 分		
备注			合计	100		
小组成员签名						
教师签名						
日期						

任务二　VMware Workstation 的使用

【任务介绍】

本任务以 VMware Workstation Pro 为例，完成 VMware Workstation Pro 的安装、网络配置、虚拟机的创建，操作系统和 VMware Tools 的安装以及对虚拟机进行快照、克隆、加密等操作。

【任务目标】

（1）学会 VMware Workstation 的安装与基本配置。
（2）学会创建虚拟机、安装操作系统。
（3）掌握 VMware Tools 的作用，会在虚拟机中安装 VMware Tools。

（4）掌握虚拟网络三种形式的区别，会配置虚拟机网络。

（5）掌握快照的定义以及组成文件，会对虚拟机进行快照。

（6）掌握克隆的作用及其分类，会对虚拟机克隆。

（7）掌握加解密虚拟机的作用、虚拟机优化方法，学会为虚拟机加/解密。

【任务实施】

1.3 VMware Workstation Pro 的安装

VMware vSphere Client（项目二介绍）和 VMware vCenter Converter Standalone（项目六介绍）是仅有的可以与 Workstation Pro 共享主机系统的 VMware 产品。无法在已安装任何其他 VMware 虚拟化产品的主机系统中安装 Workstation Pro。

如果在主机系统中安装了其他 VMware 虚拟化产品，必须卸载该产品才能安装 Workstation Pro。

在本教材中安装的 VMware Workstation Pro 的版本为 VMware Workstation Pro 16.0。

（1）双击安装文件 VMware – workstation – ×××– ××××××.exe 文件，其中，××××–××××××是版本号和内部版本号，然后来到 VMware Workstation Pro 安装向导界面，单击"下一步"按钮开始安装，如图 1–1 所示。

操作视频：VMware Workstation Pro 安装

授课视频：VMware Workstation 的安装与基本配置

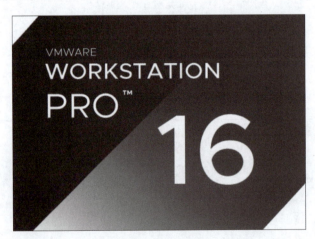

图 1–1 VMware Workstation Pro 安装向导界面

注： 如果物理机是 32 位操作系统，需要使用 VMware Workstation 10，因为 16 版本不支持 32 位操作系统。

（2）在"VMware 最终用户许可协议"界面中，选中"我接受许可协议中的条款"，并单击"下一步"按钮继续安装，如图 1–2 所示。

（3）在"自定义安装"界面中，选择安装的位置，并单击"下一步"按钮，如图 1–3 所示。

(4) 在"快捷方式"界面中,选择放入系统的快捷方式,并单击"下一步"按钮,如图 1-4 所示。

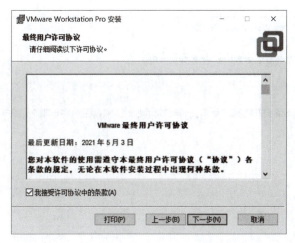

图 1-2 欢迎使用 VMware Workstation Pro 安装向导界面

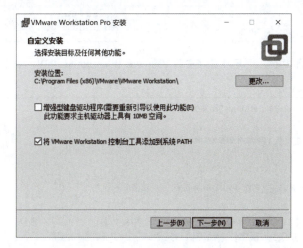

图 1-3 "自定义安装"界面

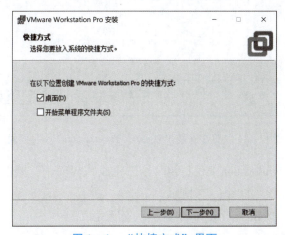

图 1-4 "快捷方式"界面

(5) 在"已准备好安装 VMware Workstation Pro"界面中,单击"安装"按钮,如图 1-5 所示,开始安装 VMware Workstation Pro。图 1-6 所示为安装进度界面。

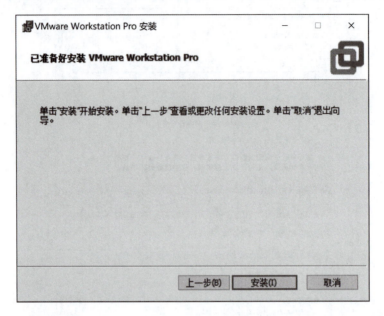

图 1-5 "已准备好安装 VMware Workstation Pro"界面

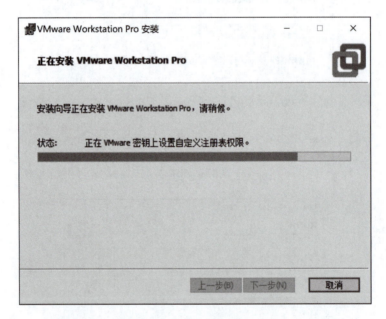

图 1-6 "正在安装 VMware Workstation Pro"界面

(6) 在"VMware Workstation Pro 安装向导已完成"界面中,单击"许可证"按钮,在弹出的界面中输入序列号,如图 1-7 所示。

(7) 单击"完成"按钮,如图 1-8 所示,安装完成。

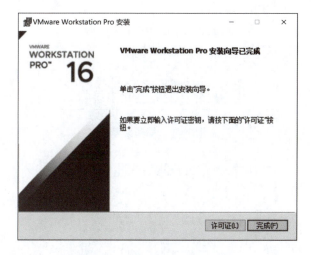

图 1－7　输入许可证密钥界面

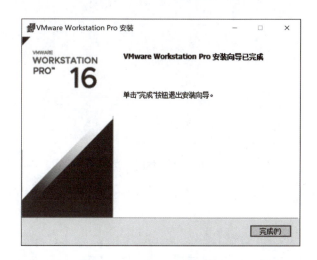

图 1－8　"VMware Workstation Pro 安装向导已完成"界面

1.4　VMware Workstation Pro 的基本配置

在安装完 VMware Workstation Pro 后，双击桌面上的"VMware Workstation"的图标，运行 VMware Workstation Pro。VMware Workstation Pro 的配置参数比较多，需要注意两个地方的配置：虚拟机默认保存位置与虚拟机内存使用设置，其他选择默认值即可。具体配置如下：

操作视频：VMware
Workstation Pro
的基本配置

（1）在 VMware Workstation Pro 主界面，单击"编辑"菜单，选择"首选项"选项，如图 1－9 所示。

（2）在"工作区"选项卡中，在"虚拟机的默认位置"，单击"浏览"按钮，选择虚拟机和项目组默认的保存位置，同时，选择"默认情况下启用所有共享文件夹"，如图 1－10 所示。

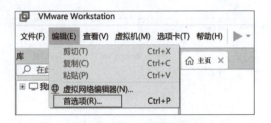

图1-9 编辑菜单

图1-10 "工作区"选项卡

(3) 在"显示"选项卡中,修改"自动适应""全屏""菜单和工具栏"中的信息,如图1-11所示。

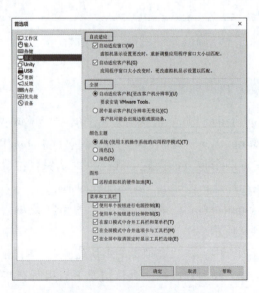

图1-11 "显示"选项卡

(4) 在"内存"选项卡中,选择如何为虚拟机分配内存,如图 1-12 所示。

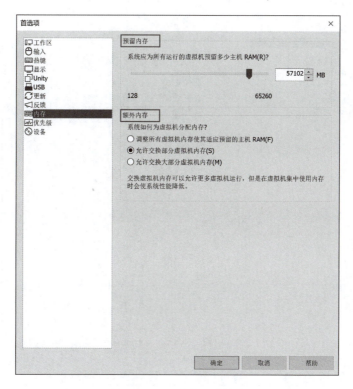

图 1-12 "内存"选项卡

预留内存:

设置操作系统为虚拟机保留多少内存。使用 VMware Workstation 的物理主机通常要有较多的物理内存,这样才能保留更多的内存给虚拟机使用。此处设置为总数,所有的虚拟机都共用此保留内存。

额外内存:

如果你的物理主机内存较大,建议选择"调整所有虚拟机内存使其适应预备的主机RAM(F)",这样虚拟机可以得到最佳的性能。因为所有的虚拟机的内存将占用上述预留内存,而不使用硬盘作为交换。

内存稍大且希望虚拟机运行流畅点的,建议选择"允许交换部分虚拟机内存(S)"。

内存不多的,则选"允许交换大部分虚拟机内存(M)"。

(5) 在"热键"选项卡中,可以查看或修改虚拟机的热键,如图 1-13 所示。设置完成后,单击"确定"按钮,保存设置退出。

(6) 在图 1-9 中,选择"虚拟网络编辑器",将会弹出"虚拟网络编辑器"界面,如图 1-14 所示。VMware Workstation Pro 安装完成后,默认安装了两个虚拟网卡 VMnet0 和 VMnet8。VMnet0 是一个虚拟网桥,VMnet8 是 NAT 网卡,用于 NAT 方式连接网络。在图 1-14 中的 VMnet 信息中,选中"NAT 模式",可以修改子网 IP 地址和子网掩码地址,单击"NAT 设置"按钮,如图 1-15 所示,可以修改网关 IP 地址。

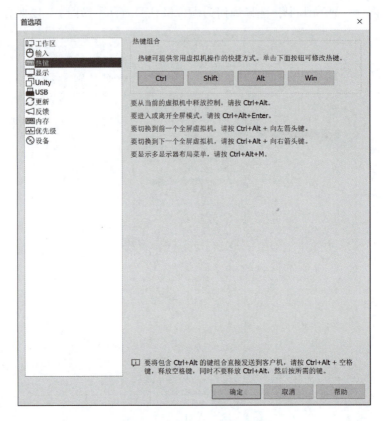

图 1-13 "热键"选项卡

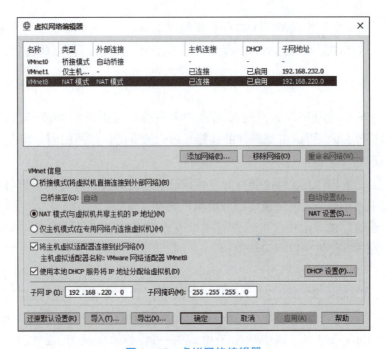

图 1-14 虚拟网络编辑器

项目一　VMware Workstation 的部署实施

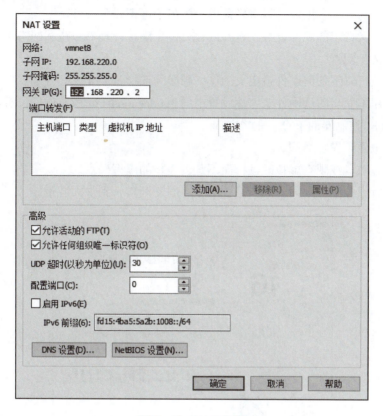

图 1-15　NAT 设置

1.5　虚拟机的创建与操作系统安装

1. 创建虚拟机

在 VMware Workstation 中创建虚拟机可以使用新建虚拟机向导在 Workstation Pro 中创建新的虚拟机、克隆现有的 Workstation Pro 虚拟机或虚拟机模板、导入第三方及开放虚拟化格式（OVF）虚拟机，以及通过物理机创建虚拟机。下面对创建虚拟机的方法进行详细讲解。在本教材中，项目二讲解的 VMware ESXi 主机也是作为虚拟机安装在 VMware Workstation 中的。

（1）单击菜单栏中的"文件"，在下拉菜单中单击"新建虚拟机"，在弹出的"欢迎使用新建虚拟机向导"界面中选择"自定义"选项，如图 1-16 所示。

该界面中，有两个选项：一个为"典型"配置，另一个为"自定义"配置。

操作视频：
创建虚拟机与
安装操作系统

授课视频：
虚拟机的创建与
操作系统的安装

- "典型"配置

如果选择"典型"配置，则必须指定或接受一些基本虚拟机的默认设置。

①客户机操作系统的安装方式。

②虚拟机名称和虚拟机文件位置。

③虚拟磁盘的大小,以及是否将磁盘拆分为多个虚拟磁盘文件。
④是否自定义特定的硬件设置,包括内存分配、虚拟处理器数量和网络连接类型。
- "自定义"配置

如果需要执行以下任何硬件自定义工作,则必须选择"自定义"配置。
①创建使用不同于默认硬件兼容性设置中的 Workstation Pro 版本的虚拟机。
②选择 SCSI 控制器的 I/O 控制器类型。
③选择虚拟磁盘设备类型。
④配置物理磁盘或现有虚拟磁盘,而不是创建新的虚拟磁盘。
⑤分配所有虚拟磁盘空间,而不是让磁盘空间逐渐增长到最大容量。

图1-16 "欢迎使用新建虚拟机向导"界面

(2) 在"选择虚拟机硬件兼容性"界面中,选择虚拟机硬件兼容性,如图1-17所示。

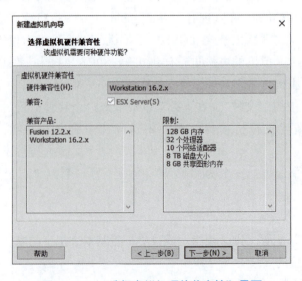

图1-17 "选择虚拟机硬件兼容性"界面

(3)在"安装客户机操作系统"界面中,选择要在虚拟机中运行的操作系统的源介质。可以指定插入物理驱动器中的安装程序光盘、ISO 映像文件,也可以让新建虚拟机向导创建具有空白硬盘的虚拟机。这里选择"稍后安装操作系统",如图 1-18 所示。

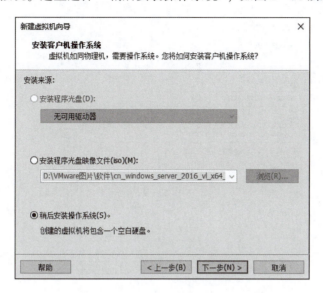

图 1-18　"安装客户机操作系统"界面

(4)在"选择客户机操作系统"界面中,选择要在虚拟机中安装的操作系统的源介质,在本次实验中选择安装的操作系统为 Windows Server 2016,如图 1-19 所示。

图 1-19　"选择客户机操作系统"界面

(5)在"命名虚拟机"界面中,输入虚拟机名和存放虚拟机文件的文件夹的路径,如图 1-20 所示。虚拟机文件的默认目录名称衍生于客户机操作系统的名称。对于标准虚拟机,虚拟机文件的默认目录位于虚拟机目录中。为获得最佳性能,请勿将虚拟机目录放到网络驱动器中。如果其他用户需要访问虚拟机，请考虑将虚拟机文件放到能被这些用户访问的位置。对于共享虚拟机，虚拟机文件的默认目录位于共享虚拟机目录中。共享虚拟机文件必须驻留在共享虚拟机目录中。

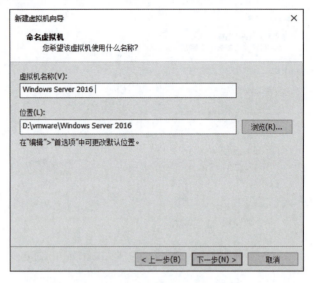

图 1 – 20 "命名虚拟机"界面

注：如果需要更改虚拟机的存放位置，可以在菜单栏的"编辑"→"首选项"中更改虚拟机的位置。

（6）在"处理器配置"界面中，为虚拟机指定处理器数量。设置完成后，单击"下一步"按钮，如图 1 – 21 所示。

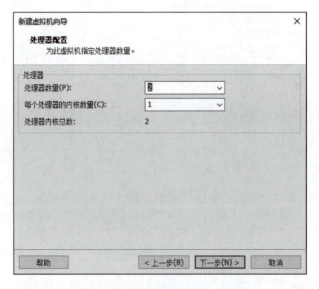

图 1 – 21 "处理器配置"界面

只有拥有至少两个逻辑处理器的主机才支持指定多个虚拟处理器。启用了超线程或具有双核 CPU 的单处理器主机可视为拥有两个逻辑处理器。具有两个 CPU 的多处理器主机无论是否为双核处理器或是否启用了超线程,均视为拥有至少两个逻辑处理器。

对于主要运行办公生产应用程序和 Internet 生产应用程序的 Windows 虚拟机来说,使用多个虚拟处理器并无好处,所以最好选择默认的单个虚拟处理器。对于服务器工作负载和数据密集型计算应用程序,额外添加虚拟处理器可以提高应用程序的性能。

有些情况下,添加额外的处理器可能会降低虚拟机和计算机的整体性能。如果操作系统或应用程序不能有效利用处理器资源,就会出现这种情况。这种情况下建议减少处理器的数量。

将计算机上的所有处理器都分配给虚拟机会导致性能极差。即使没有应用程序正在运行,主机操作系统也必须继续执行后台任务。将所有处理器都分配给一个虚拟机将导致重要任务无法完成。表 1-2 为不同需求对应的处理器数量。

表 1-2 处理器数量设置

应用程序	建议的处理器数量
桌面应用程序	1 个
服务器操作系统	2 个
视频编码、建模以及科研应用程序	4 个

(7) 在"此虚拟机的内存"界面中,为虚拟机分配内存,如图 1-22 所示。

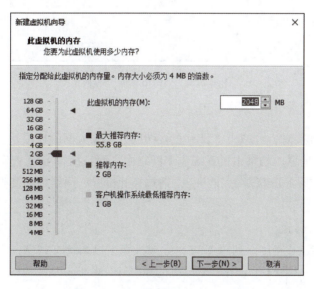

图 1-22 "此虚拟机的内存"界面

在界面中,颜色编码图标对应于最大推荐内存、推荐内存和客户机操作系统最低推荐内存。要调整分配给虚拟机的内存,需沿内存值范围移动滑块。范围上限是由分配给所有运行的虚拟机的内存量决定的。如果允许交换虚拟机内存,将更改该值,以反映指定的交换量。

在 64 位主机中,每个虚拟机的最大内存量为 64 GB。在 32 位主机中,每个虚拟机的最大内存量为 8 GB。在 32 位主机中，无法开启配置为使用超过 8 GB 内存的虚拟机。32 位操作系统的内存管理限制导致虚拟机内存过载，这会严重影响系统性能。

为单个主机中运行的所有虚拟机分配的内存总量仅受主机上的 RAM 量限制。可以修改 Workstation Pro 内存设置，以更改可用于所有虚拟机的内存量。

（8）在"网络类型"界面中，为虚拟机选择网络连接类型。Workstation Pro 提供桥接网络连接、网络地址转换（NAT）、仅主机模式网络连接和不使用网络连接选项，用于为虚拟机配置虚拟网络连接，如图 1-23 所示。在安装 Workstation Pro 时，已在主机系统中安装用于所有网络连接配置的软件。

微课：一线相连——
VMware 网卡工作模式

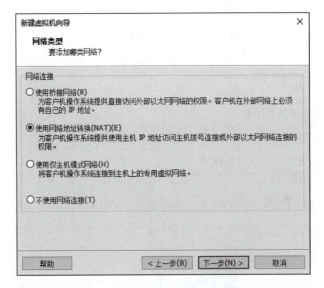

图 1-23 "网络类型"界面

①使用桥接网络。

使用桥接网络连接时，虚拟机将具有直接访问外部以太网的权限。虚拟机必须在外部网络中具有自己的 IP 地址。如果主机系统位于网络中，而且拥有可用于虚拟机的单独 IP 地址（或者可以从 DHCP 服务器获得 IP 地址），请选择此设置。网络中的其他计算机将能够与该虚拟机直接通信。

②使用网络地址转换。

为虚拟机配置 NAT 连接。利用 NAT，虚拟机和主机系统将共享一个网络标识，此标识在网络以外不可见。如果没有可用于虚拟机的单独 IP 地址，但又希望能够连接到 Internet，请选择 NAT。此时虚拟机可以通过主机单向访问网络上的其他工作站（包括 Internet 网络），其他工作站不能访问虚拟机。

③使用仅主机模式网络。

为虚拟机配置仅主机模式网络连接。仅主机模式网络连接使用对主机操作系统可见的虚拟网络适配器，在虚拟机和主机系统之间提供网络连接。

使用仅主机模式网络连接时,虚拟机只能与主机系统以及仅主机模式网络中的其他虚拟机进行通信。要设置独立的虚拟网络,请选择"使用仅主机模式网络"连接。

(9)在"选择 I/O 控制器类型"界面中,选择 SCSI 控制器类型,单击"下一步"按钮,如图 1-24 所示。

Workstation Pro 将在虚拟机中安装 IDE 控制器和 SCSI 控制器。某些客户机操作系统支持 SATA 控制器。IDE 控制器始终是 ATAPI。对于 SCSI 控制器,可以选择 BusLogic、LSI Logic 或 LSI Logic SAS。如果要在 ESX 主机中创建远程虚拟机,还可以选择 VMware 准虚拟化 SCSI(Paravirtual SCSI,PVSCSI)适配器。

BusLogic 和 LSI Logic 适配器具有并行接口。LSI Logic SAS 适配器具有串行接口。LSI Logic 适配器已提高性能,与通用 SCSI 设备结合使用效果更好。LSI Logic 适配器也受 ESX Server 2.0 和更高版本支持。

PVSCSI 适配器为高性能存储适配器,提供的吞吐量更高,CPU 占用率更低。此适配器最适合硬件或应用程序会产生极高 I/O 吞吐量的环境,如 SAN 环境。PVSCSI 适配器不适合用于 DAS 环境。

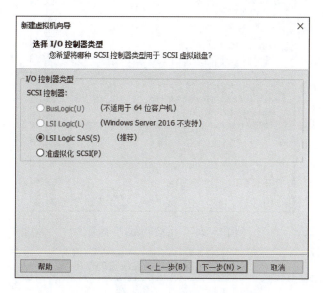

图 1-24 "选择 I/O 控制器类型"界面

(10)在"选择磁盘类型"界面中,选择"NVMe",单击"下一步"按钮,如图 1-25 所示。

NVMe 是通过 PCI Express 总线将存储链接到服务器的接口规范。它可使固态硬盘(SSD)与主机系统通信的速度更快。

(11)在"选择磁盘"界面中,提供了三种磁盘的使用类型:创建新虚拟磁盘、使用现有虚拟磁盘或者使用物理磁盘,可以根据不同的需要选择磁盘的使用方式,如图 1-26 所示。表 1-3 为每种磁盘类型所需的信息。

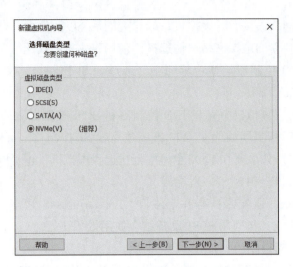

图1-25 "选择磁盘类型"界面

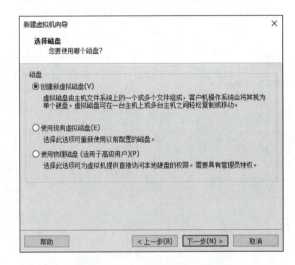

图1-26 "选择磁盘"界面

表1-3 每种磁盘类型所需的信息

磁盘类型	说　明
新虚拟磁盘	如果指定将所有磁盘空间存储在单个文件中，Workstation Pro 会使用提供的文件名创建一个 40 GB 的磁盘文件。如果指定将磁盘空间存储在多个文件中，Workstation Pro 会使用提供的文件名生成后续文件名。如果指定文件大小可以增加，后续文件名的文件编号中将包含一个 s，例如 Windows 7 - s001. vmdk。如果指定在创建虚拟磁盘时立即分配所有磁盘空间，后续文件名的文件编号中将包含一个 f，例如 Windows 7 - f001. vmdk
现有虚拟磁盘	需要选择现有虚拟磁盘文件的名称和位置
物理磁盘	当向导提示选择物理磁盘，并指定是使用整个磁盘还是单个分区时，必须指定一个虚拟磁盘文件。Workstation Pro 会使用该虚拟磁盘文件存储物理磁盘的分区访问配置信息

（12）在"指定磁盘容量"界面中，设置最大磁盘的大小，如图 1-27 所示。

如果在自定义配置过程中指示新建虚拟机向导创建新的虚拟磁盘，向导会提示设置虚拟磁盘大小并指定是否将磁盘拆分为多个虚拟磁盘（.vmdk）文件。

一个虚拟磁盘由一个或多个虚拟磁盘文件构成。虚拟磁盘文件用于存储虚拟机硬盘驱动器的内容。文件中几乎所有的内容都是虚拟机数据。有一小部分文件会分配用于虚拟机开销。如果虚拟机直接连接到物理磁盘，虚拟磁盘文件将存储有关虚拟机可访问分区的信息。

可以为虚拟磁盘文件设置 0.001 GB~8 TB 之间的容量。还可以选择将虚拟磁盘存储为单个文件或拆分为多个文件。

如果虚拟磁盘存储在具有文件大小限制的文件系统上，则选择"将虚拟磁盘拆分成多个文件"。如果拆分的虚拟磁盘不到 950 GB，则会创建一系列 2 GB 的虚拟磁盘文件。如果拆分的虚拟磁盘超过 950 GB，则会创建两个虚拟磁盘文件。第一个虚拟磁盘文件最大可达到 1.9 TB，第二个虚拟磁盘文件则存储剩余的数据。

在自定义配置中，可以选择"立即分配所有磁盘空间"以立即分配所有磁盘空间，而不是允许磁盘空间逐渐增长到最大。立即分配所有磁盘空间可能有助于提高性能，但操作会耗费很长时间，需要的物理磁盘空间相当于为虚拟磁盘指定的数量。如果立即分配所有磁盘空间，将无法使用压缩磁盘功能。

创建完虚拟机后，可以编辑虚拟磁盘设置并添加其他虚拟磁盘。

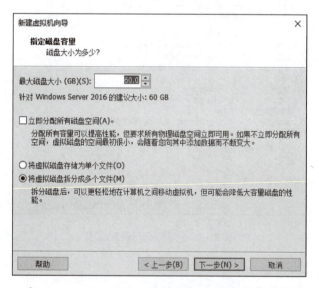

图 1-27 "指定磁盘容量"界面

（13）在"指定磁盘文件"界面中，设置磁盘文件的存放位置，如图 1-28 所示。

（14）在"已准备好创建虚拟机"界面中，显示了新建虚拟机的名称、存放位置、VMware Workstation 的版本、安装的操作系统的类型、硬盘与内存容量等信息，如图 1-29 所示。单击"完成"按钮，完成虚拟机的创建。

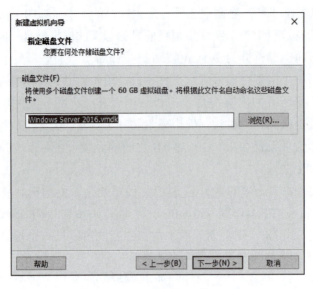

图1-28 "指定磁盘文件"界面

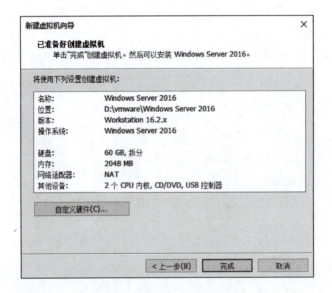

图1-29 虚拟机创建完成图

2. 虚拟机中安装操作系统

安装文件的来源一般有下面几种,可以任选一种:

①直接用安装光盘使用物理光驱来安装。

②用UltraISO(WinISO)将安装光盘制作成"光盘映像文件"(.iso)。

下面介绍使用ISO镜像的方式安装操作系统。

(1)打开VMware Workstation Pro,单击需要安装操作系统的虚拟机,单击"编辑虚拟机设置",如图1-30所示。

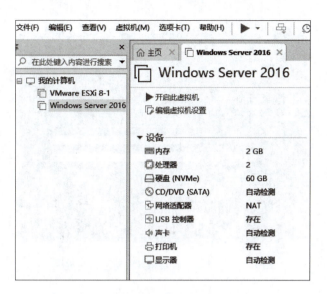

图1-30　虚拟机主界面

（2）在"虚拟机设置"界面中，单击"硬件"选项卡，选择"CD/DVD"驱动器，如图1-31所示。在"连接"中，选择"使用 ISO 映像文件"，单击"浏览"按钮，选择 ISO 文件所在的位置，单击"确定"按钮。在虚拟机界面，单击"开启此虚拟机"，开始安装操作系统。

图1-31　"虚拟机设置"界面

（3）在"输入语言和其他首选项"界面中，选择要安装的语言、时间和货币格式、键盘和输入方法，单击"下一步"按钮继续安装，如图1-32所示。

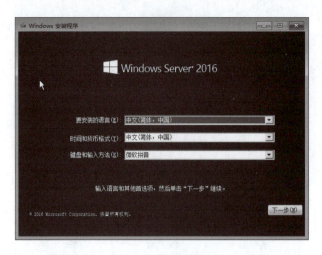

图 1-32 "输入语言和其他首选项"界面

(4) 在"现在安装"界面中,单击"现在安装"按钮,单击"下一步"按钮继续安装,如图 1-33 所示。

图 1-33 "现在安装"界面

(5) 在"选择要安装的操作系统"界面中,选择"Windows Server 2016 Datacenter(桌面体验)",单击"下一步"继续安装,如图 1-34 所示。

(6) 在"适用的声明和许可条款"界面中,选中"我接受许可条款"复选项,单击"下一步"按钮继续安装,如图 1-35 所示。

(7) 在"你想执行哪种类型的安装"界面中,单击"自定义"选项继续安装,如图 1-36 所示。

(8) 在"你想将 Windows 安装在哪里"界面中,选择安装 Windows 的磁盘,单击"下一步"按钮继续安装,如图 1-37 所示。

(9) Windows 操作系统开始安装,如图 1-38 所示。

项目一 VMware Workstation 的部署实施

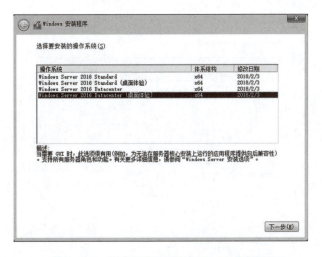

图 1-34 "选择要安装的操作系统"界面

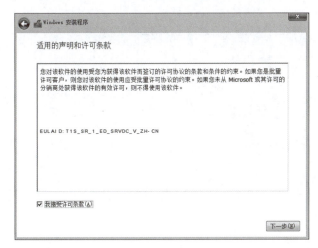

图 1-35 "适用的声明和许可条款"界面

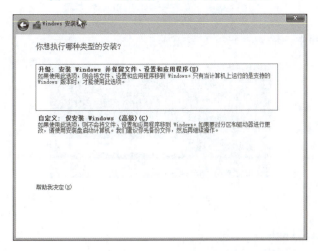

图 1-36 "你想执行哪种类型的安装"界面

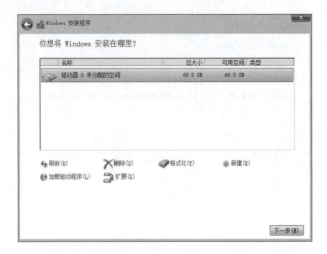

图 1-37 "你想将 Windows 安装在哪里"界面

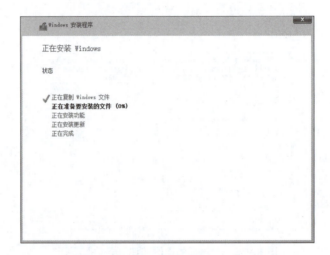

图 1-38 "正在安装 Windows"界面

（10）安装过程中，输入密码，安装完成，如图 1-39 所示。

图 1-39 输入密码

操作视频：
安装 VMware Tools

3. 安装 VMware Tools
1) VMware Tools 的作用

VMware Tools 是 VMware 虚拟机中自带的一种增强工具，相当于

— 30 —

VirtualBox 中的增强功能，是 VMware 提供的增强虚拟显卡和硬盘性能，以及同步虚拟机与主机时钟的驱动程序。

在 VMware 虚拟机中安装好操作系统后，需要安装 VMware Tools。安装 VMware Tools 的作用如下：

（1）更新虚拟机中的显卡驱动，使虚拟机中的 X Windows 可以运行在 SVGA 模式下。

（2）提供一个 VMware – toolbox，这个 X Windows 下的工具可以让你修改一些 VMware 的参数和功能。

（3）同步虚拟机和主机的时间。

（4）支持同一个分区的真实启动和从虚拟机中启动，自动修改相应的设置文件。

（5）VMware Workstation 从软盘和/或 CD – ROM 直接安装未修改的操作系统。在构造一台虚拟机时，这个安装过程是第一步并且也是唯一必需的一步。在客户操作系统中安装 VMware Tools 非常重要。如果不安装 VMware Tools，虚拟机中的图形环境被限制为 VGA 模式图形（640×480，16 色）。

（6）使用 VMware Tools，SVGA 驱动程序被安装，VMware Workstation 支持最高 32 位显示和高显示分辨率，显著提升总体的图形性能。

（7）工具包中的其他工具通过支持下面的增强，更方便地使用虚拟机。

注意：只有正在运行 VMware Tools 时，这些增强才可用。

（8）在主机和客户机之间时间同步。

（9）自动捕获和释放鼠标光标，在主机和客户机之间或者从一台虚拟机到另一台虚拟机进行复制和粘贴操作。

（10）改善的网络性能。

2）VMware Tools 的安装

（1）开启需要安装 VMware Tools 的虚拟机，单击菜单栏中的"虚拟机"，在弹出的下拉菜单中单击"安装 VMware Tools"选项，如图 1 – 40 所示。在图 1 – 41 中单击"运行 setup64.exe"图标，开始安装 VMware Tools。

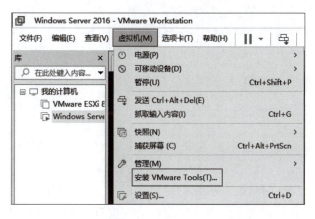

图 1 – 40　"安装 VMware Tools"选项界面

图 1 – 41　安装 VMware Tools 界面

（2）稍后，在虚拟机中将显示"欢迎使用 VMware Tools 的安装向导"界面，单击"下一步"按钮,如图 1-42 所示。

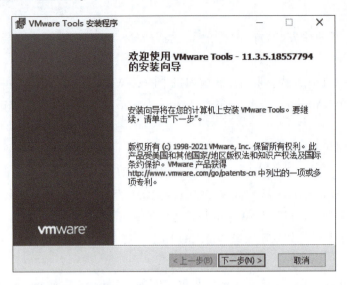

图 1-42　欢迎使用 VMware Tools 的安装向导界面

(3) 在"选择安装类型"界面中,选择"典型安装",单击"下一步"按钮,如图 1-43 所示。

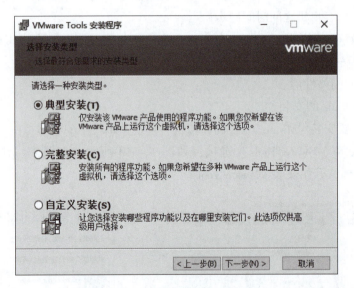

图 1-43　"选择安装类型"界面

(4) 在"已准备好安装 VMware Tools"界面中,单击"安装"按钮,开始 VMware Tools 的安装,如图 1-44 所示。

(5) 在"VMware Tools 安装向导已完成界面"界面中,单击"完成"按钮,完成 VMware Tools 的安装,如图 1-45 所示。在弹出的界面中,单击"是"按钮,重启系统,如图 1-46 所示,对 VMware Tools 做出的配置修改生效。

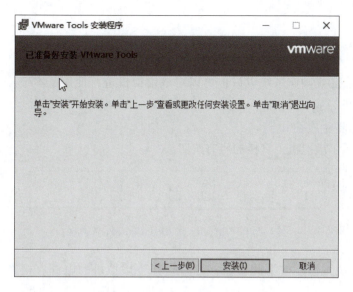

图 1-44 "已准备好安装 VMware Tools"界面

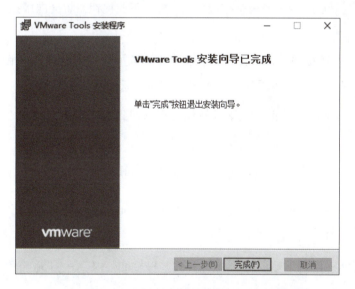

图 1-45 "VMware Tools 安装向导已完成"界面

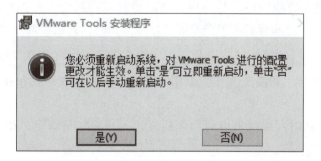

图 1-46 重新启动系统界面

1.6 虚拟机的基本操作

在虚拟机中安装好操作系统以后，可以对该虚拟机进行使用，本节系统地介绍虚拟机的基本操作。

授课视频：
虚拟机的基本操作

1. 虚拟机工具栏按钮说明

图 1-47 显示了虚拟机工具栏的所有按钮。

图 1-47　VMware Workstation Pro 工具栏

（1）▶ 开机按钮。按下此按钮，将"打开"虚拟机的电源，相当于计算机的"开机"按钮。

（2）发送"Ctrl + Alt + Del"按键信息。按一下此按钮，将会向虚拟机中发送"Ctrl + Alt + Del"按键信息。

（3）拍摄快照按钮。按下此按钮，将会把当前的虚拟机"状态"做一备份，以后可以通过"快照管理器"和"还原到上一快照"按钮，返回到此快照状态。

（4）还原到上一快照。按下此按钮，将返回到上一次快照的状态，从上次快照到当前的状态将丢失。

（5）管理快照。按下此按钮，可以对虚拟机快照进行管理。

（6）显示或隐藏库。按下此按钮，会在 VMware Workstation 的下方显示虚拟机的预算窗口。

（7）显示或隐藏缩略图栏。在"查看"→"自定义"→"缩略图栏选项"菜单中还可以选择"打开虚拟机"和"文件夹中的虚拟机"。

（8）全屏显示按钮。按下此按钮，虚拟机将全屏显示。要想退出全屏状态，则按 Ctrl + Alt 组合键，此命令和查看菜单中全屏命令意义相同，其组合键为"Ctrl + Alt + Enter"。

（9）"Unity"（无缝窗口）功能。当虚拟机正在运行时，单击此按钮，当前正在虚拟机中运行的程序将会"切换"到主机桌面上显示，此时的效果就和在主机上运行的程序一样。

在启用 Unity 功能时，虚拟机中的操作系统的"开始"菜单会"附加"到当前主机的"开始"菜单上面。

（10）拉伸并保持显示纵横比按钮。按下此按钮后，VMware 将会显示虚拟机的控制台设置，剩下的窗口将显示虚拟机的运行。

2. Options 选项卡中各项参数与配置

在 VMware Workstation Pro 主界面中，选择需要修改配置的虚拟机，然后单击"编辑虚拟机设置"，在"虚拟机设置"界面中单击"选项"选项卡。

（1）选择"选项"选项卡里的"常规"选项，如图 1－48 所示。可以更改所创建的虚拟机名称、更改虚拟机的客户机操作系统或操作系统版本、更改虚拟机的工作目录。

图 1－48　操作系统选择界面

（2）"电源"选项用于控制虚拟机在关机、关闭或挂起后的行为。在电源选项中，"开机后进入全屏模式"是指虚拟机在开机后进入全屏模式；"关机或挂起后关闭"是指虚拟机在关机或挂起后关闭；"向客户机报告电池信息"是指将电池信息报告给客户机操作系统。电源控制设置会影响虚拟机的停止、挂起、启动和重置按钮的行为。当鼠标悬停在相应的按钮上时，所选的行为会显示在提示框中。电源控制设置也会决定右键单击库中的虚拟机时弹出的上下文菜单中显示的"电源"选项，如图 1－49 所示。

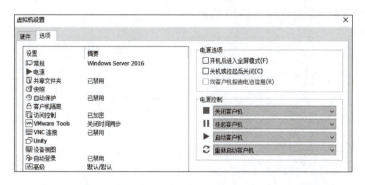

图 1－49　"电源"选项

（3）选择"共享文件夹"，可以对主机与虚拟机之间的共享文件夹进行设置，如图 1-50 所示。在默认情况下，是禁用"共享文件夹"功能的。

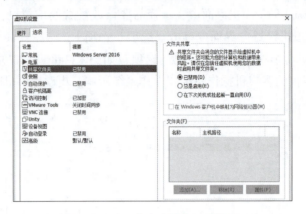

图 1-50 "共享文件夹"设置页

（4）选择"快照"选项可以进行快照设置，如图 1-51 所示。在拍摄快照时，Workstation Pro 保留虚拟机的状态，以便反复恢复为相同的状态。快照捕获拍摄快照时的完整虚拟机状态，包括虚拟机内存、虚拟机设置以及所有虚拟磁盘的状态。默认操作是"仅关机"。可以根据需要进行选择。

图 1-51 "快照"选项

（5）在"自动保护"选项中，设置是否启用虚拟机的自动保护功能，如图 1-52 所示。当启用这一功能后，虚拟机可以按照设置的时间间隔自动创建"快照"进行保护，可以设置自动保护时间间隔、最大自动保护快照数。

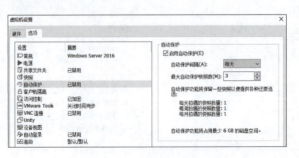

图 1-52 "自动保护"功能

（6）在"客户机隔离"选项中，可以设置主机与客户机之间的交换选项。在默认情况下，是"允许主机与虚拟机之间使用'拖放'功能"的。启用这项功能后，可以用鼠标选中文件（或文件夹），在主机与虚拟机之间进行复制（移动或其他操作），还可以"允许主机与虚拟机之间使用'复制'与'粘贴'功能"，如图1-53所示。

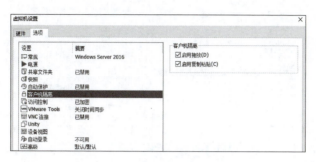

图1-53 "客户机隔离"选项

（7）选择"访问控制"选项，可以对当前的虚拟机加密。在默认情况下，虚拟机没有加密，可以将虚拟机复制到其他计算机中使用。如果要保护虚拟机，可借助此选项。创建快照、克隆链接的虚拟机不能启用该功能，如图1-54所示。

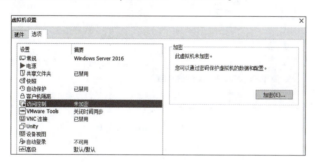

图1-54 "访问控制"选项

（8）选择"VMware Tools"选项，可以对"VMware Tools"的更新选项进行设置，如图1-55所示。

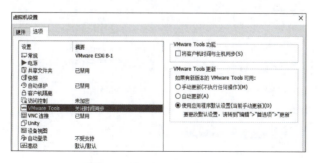

图1-55 "VMware Tools"选项

（9）选择"VNC连接"，可以设置VNC的连接端口与密码，如图1-56所示。在启动这项功能时，该虚拟机将会作为一个 VNC 的服务器使用，可以使用标准和 VNC 客户端程序登录到该虚拟机。

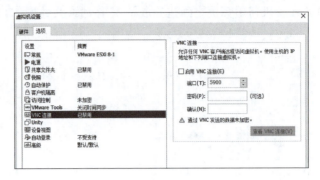

图 1-56　"VNC 连接"选项

（10）在"Unity"选项中，设置是否显示 Unity 边框、标记，自定义窗口边框颜色，如图 1-57 所示。

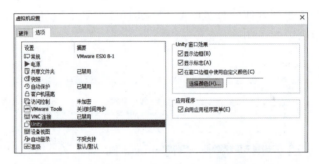

图 1-57　"Unity"选项

（11）在"自动登录"选项中，可以设置或更改自动登录的用户名和密码，如图 1-58 所示。当虚拟机是 Windows 与 Linux 时，可以启动自动登录选项，在启用这一功能时，当在虚拟机中需要输入用户名密码登录时，VMware Workstation 的虚拟机会使用在"自动登录"中保存的用户名与密码登录。这一项需要在虚拟机启动时设置。

图 1-58　"自动登录"选项

（12）在"高级"选项中，可以设置进程优先级，设置是否收集调试信息，如图 1-59 所示。

项目一　VMware Workstation 的部署实施

图 1－59　"高级"选项

修改设置之后，单击"确定"按钮，保存退出。

3. 虚拟机硬件配置选项卡说明（虚拟机硬件设置）

创建好的虚拟机的配置，如虚拟机内存的大小、硬盘的容量、网卡的连接方式等，需要根据不同的需求进行更改。下面对修改虚拟机硬件配置方法讲解。

在 VMware Workstation Pro 的主界面中，选择修改配置的虚拟机，单击"编辑虚拟机设置"，如图 1－30 所示，弹出"虚拟机设置"界面，如图 1－60 所示。

图 1－60　"虚拟机设置"界面

（1）在"虚拟机设置"界面，单击"添加"按钮可以添加虚拟机硬件，如图1-61所示。同样，已经添加的虚拟机硬件也可以通过单击"删除"按钮来移除。

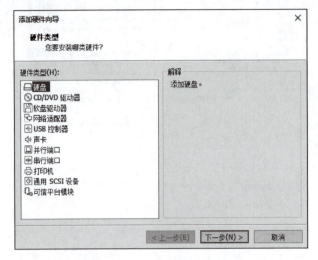

图1-61　"硬件类型"界面

- 虚拟硬盘

虚拟硬盘由一组文件构成，用作客户机操作系统的物理磁盘驱动器。可以将虚拟硬盘配置为IDE、SCSI或SATA设备。最多可以为虚拟机添加4个IDE设备、60个SCSI设备以及120个SATA设备（4个控制器，每个控制器30个设备）。另外，还可以授予虚拟机对物理磁盘的直接访问权限。

- CD-ROM和DVD驱动器

可以将一个虚拟CD-ROM或DVD驱动器配置为IDE、SCSI或SATA设备。最多可以为虚拟机添加4个IDE设备、60个SCSI设备以及120个SATA设备（4个控制器，每个控制器30个设备）。可以将虚拟CD-ROM和DVD驱动器连接到主机系统的物理驱动器或ISO映像文件。

- 网络适配器

最多可为虚拟机添加10个虚拟网络适配器。

- USB控制器

可以为一个虚拟机添加一个USB控制器。每个虚拟机必须配置一个USB控制器才能使用USB设备或智能卡读卡器。对于智能卡读卡器，无论其是否属于USB设备，虚拟机都必须具有USB控制器。

- 声卡

如果主机系统已配置并安装了声卡，可以为虚拟机启用声音功能。

- 并行（LPT）端口

最多可为虚拟机附加三个双向并行端口。虚拟并行端口可以输出到并行端口或主机操作系统中的文件。

• 串行（COM）端口

最多可为虚拟机添加四个串行端口。虚拟串行端口可以输出到物理串行端口、主机操作系统中的文件或命名管道。

• 打印机

可在虚拟机中使用主机系统可用的任意打印机进行打印，而不必在虚拟机中安装额外的驱动程序。Workstation Pro 使用 ThinPrint 技术在虚拟机中复制主机打印机映射。启用虚拟机打印机后，Workstation Pro 会配置一个用于与主机打印机通信的虚拟串行端口。

• 通用 SCSI 设备

最多可为虚拟机添加 60 个 SCSI 设备。借助通用 SCSI 设备，客户机操作系统可直接访问与主机系统连接的 SCSI 设备。通用 SCSI 设备包括扫描仪、磁带驱动器、CD – ROM 驱动器和 DVD 驱动器。

（2）在"虚拟机设置"界面，单击"内存"选项，可以更改内存的大小，如图 1 – 62 所示。

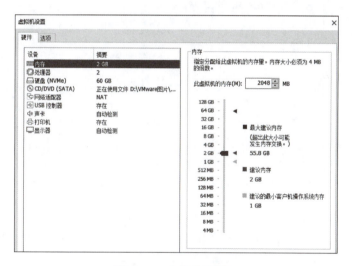

图 1 – 62　内存选项界面

（3）在"虚拟机设置"界面，单击"CD/DVD 驱动器"项，可以设置虚拟机光驱的属性，如图 1 – 63 所示。

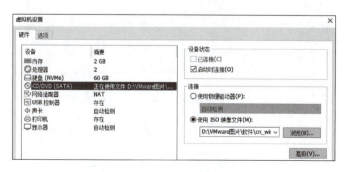

图 1 – 63　CD/DVD 选项界面

在图 1-63 中，单击"高级"按钮，在弹出的"CD/DVD 高级设置"界面可以设置虚拟机光驱的接口类型。设置完成后，单击"确定"按钮即可，如图 1-64 所示。

注意：如无必要，不要修改光驱的接口类型。但如果使用 U 盘制作的光驱或者使用某些 USB 光驱，需要选中"Legacy emulation（旧版仿真）"选项才能使用。但一般情况下，只要虚拟机的光驱能正常使用，就不要选中这一项。

（4）在"虚拟机设置"界面，单击"硬盘（IDE）"项，"磁盘实用工具"包括映射、碎片整理、扩展、压缩，如图 1-65 所示。

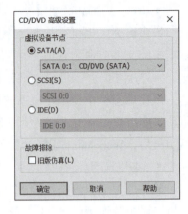

图 1-64　硬件类型界面

图 1-65　硬盘选项界面

"映射"用来将虚拟磁盘映射成一个盘符。如果虚拟机中划分了多个分区，可以选择将哪个分区用来映射。通过图 1-66 选择要映射到计算机驱动器上的虚拟磁盘文件及相关联的卷。

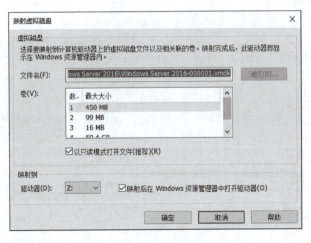

图 1-66　"映射虚拟磁盘"界面

在图1-65中，单击"碎片整理"按钮，开始整理虚拟机的硬盘，完成碎片整理，如图1-67所示。

在图1-65中，单击"扩展"按钮，在图1-68中可以指定最大虚拟磁盘的大小，扩展虚拟硬盘。

注："扩展"按钮若为灰色，需要开启虚拟机。

目前只能将硬盘扩大，不能缩小。所以，在指定新的硬盘大小时，要大于原来的硬盘大小。另外，在扩展硬盘后原有分区大小不变，如果要使用扩展后的分区，需要使用磁盘工具，创建或扩展现有分区之后使用。

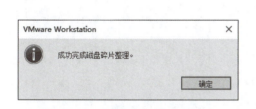

图1-67 虚拟磁盘碎片整理完成界面

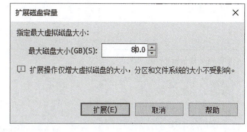

图1-68 "扩展磁盘容量"界面

从客户机操作系统内部对磁盘重新进行分区和扩展文件系统方法如下：

本教材安装的虚拟机为Windows Server 2016，在扩展磁盘容量后，依次单击"服务器管理器""文件和存储服务""磁盘"，选择要扩容的磁盘，右键单击盘符，在出现的下拉菜单中选择"扩展卷"，如图1-69所示。在弹出的扩展卷界面中，如图1-70所示，输入新磁盘的大小后单击"确定"按钮，完成磁盘的扩容。

操作视频：
扩展磁盘容量

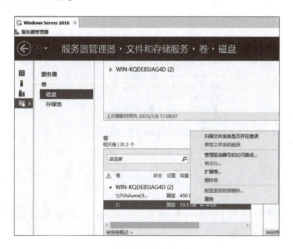

图1-69 扩展磁盘容量方法

图1-70 扩展卷界面

在图1-65中，单击"压缩"按钮，压缩虚拟硬盘，释放无用的空间，如图1-71所示。

（5）在图1-65中，单击"高级"按钮，设置磁盘节点和磁盘属性，默认情况如图1-72所示。

默认情况下是非独立的磁盘。如果选中"独立",表示该虚拟磁盘为独立磁盘,独立的虚拟磁盘是不受快照影响的。选中"永久"项,表示改变将会立即并永久写入虚拟磁盘;选中"非永久"项,当关闭虚拟机电源或是恢复一个快照时,磁盘的改变将会被丢弃。

注:如选项为灰色,需要开启虚拟机后设置。

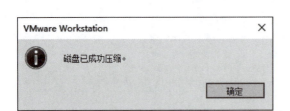
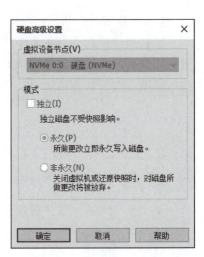

图1-71 磁盘成功压缩界面　　　　　图1-72 "硬盘高级设置"界面

(6) 在"网络适配器"选项中,在"设备状态"选项区域,可以设置虚拟机启动时是否连接网卡;在"网络连接"选项区域,可以设置虚拟机网卡接口的形式,如图1-73所示。

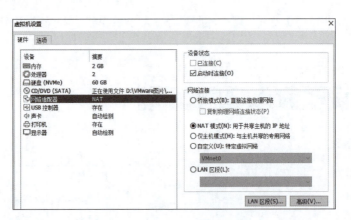

图1-73 "网络适配器"界面

(7) 在"USB控制器"选项中,可以设置允许使用USB 2.0、USB 3.0设备,以及是否自动检测主机上运行的USB设备,如图1-74所示。

(8) 在"声卡"选项中,在选项区域可以设置声卡是否随虚拟机启动而生效,当主机有多块声卡时,可以在"连接"选项区域内设置使用哪一块,如图1-75所示。

(9) 在"处理器"选项中,可以设置虚拟机中CPU数量、虚拟内核数等,如图1-76所示。

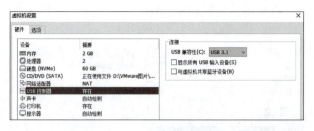

图 1-74 "USB 控制器"界面

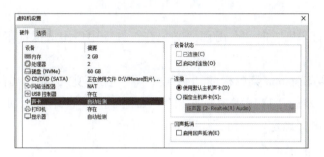

图 1-75 "声卡"界面

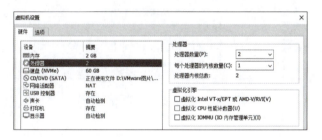

图 1-76 "处理器"界面

（10）在"显示器"选项中，可以设置虚拟机的显示分辨率以及"虚拟显卡"的数量以及是否使用 3D 功能，如图 1-77 所示。

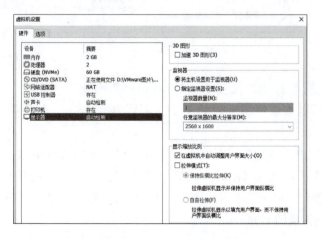

图 1-77 "显示器"界面

(11) 在"打印机"选项中,设置虚拟打印机,如图 1-78 所示。

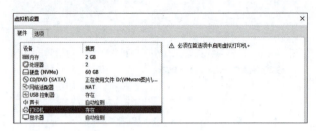

图 1-78 "打印机"界面

在首次设置"打印机"时,会出现"必须在首选项中启用虚拟打印机"的提示,设置方法如下:

单击 VMware Workstation 菜单栏的"编辑"→"首选项",在弹出的"首选项"界面中,选中"设备",勾选"启用虚拟打印机",如图 1-79 所示。返回打印机界面,勾选"启动时连接",单击"确定"按钮,如图 1-80 所示。

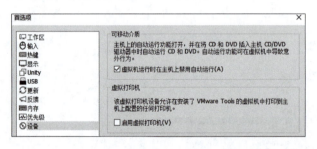

图 1-79 "首选项-设备"界面

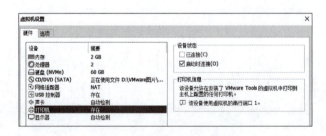

图 1-80 "打印机"界面

4. 在虚拟机中使用 U 盘、摄像头、打印机等 USB 设备

在虚拟机中,可以直接使用主机的 U 盘、打印机设备等,下面对如何使用 U 盘进行描述。

(1) 单击工具栏中的"虚拟机"命令,选择主机上可用的 USB 设备,选中设备之后进入下级菜单,可以选择"连接(断开与主机的连接)",表示从主机断开连接并连接到虚拟机中,如图 1-81 所示。此时会弹出如图 1-82 所示的界面,单击"确定"按钮,将会在"我的电脑"中看到识别的 U 盘。

图1-81 在虚拟机中设置USB设备

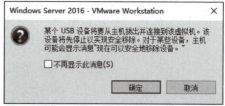

图1-82 在虚拟机中设置USB设备

（2）如果想将该设备重新连接到主机使用，可以选中该设备后，在该设备的下级菜单中选择"断开连接（连接主机）"即可，如图1-83所示。

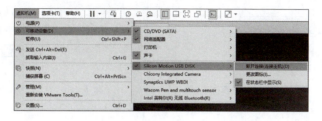

图1-83 断开与主机的连接界面

（3）如果选中的是USB打印机等设备，需要在虚拟机中安装USB打印机的驱动程序，这和在主机中使用USB打印机是一样的。

（4）在Windows 98虚拟机中使用U盘，则需要在Windows 98的虚拟机中安装U盘驱动程序。

（5）从VMware Workstation 7开始，可以在VMware Workstation的虚拟机中，通过添加"打印机"虚拟硬件，可以直接使用主机的打印机而无须在虚拟机中进行设置。

5. 加密、解密虚拟机

VMware Workstation的加密特性能够防止非授权用户访问虚拟机的敏感数据。加密为虚拟机提供了保护，限制了用户对虚拟机的修改。在生产环境中，不希望在没有获取正确密码的情况下就能够启动虚拟机，因为非授权用户可能会因此获取敏感数据。VMware Workstation加密位于物理计算硬件的启动密码之上。

操作视频：
加解密虚拟机

（1）关闭正在运行的虚拟机，单击"编辑虚拟机设置"，在"虚拟机设置"界面中，依次单击"选项"→"访问控制"→"加密"按钮，在弹出的"加密虚拟机"界面中输入加密密码，然后单击"加密"按钮，如图1-84所示。

（2）虚拟机加密后返回到配置界面，单击"确定"按钮退出。

（3）关闭VMware Workstation Pro，然后再

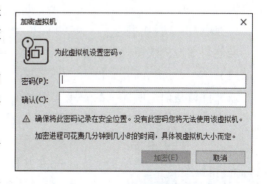

图1-84 "加密虚拟机"界面

次打开 VMware Workstation Pro，在浏览到已加密的虚拟机时，会弹出"输入密码"界面，如图1-85所示，输入正确的密码，才能继续运行。

（4）如果取消虚拟机的加密，可以进入虚拟机的设置界面，依次单击"选项-访问控制-移除密码"，在弹出的"移除加密"界面中输入加密时的密码，单击"移除加密"按钮可以对虚拟机解密，如图1-86所示。

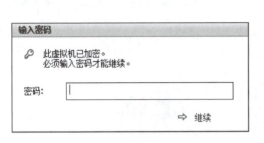
图1-85 "输入密码"界面

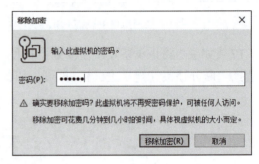
图1-86 "移除加密"界面

6. 快照管理

1）快照的定义

VMware 中的快照是对 VMDK 在某个时间点的"拷贝"，这个"拷贝"并不是对 VMDK 文件的复制，而是保持磁盘文件和系统内存在该时间点的状态，以便在出现故障后虚拟机能够恢复到该时间点。如果对某个虚拟机创建了多个快照，那么就可以有多个可恢复的时间点。

操作视频：虚拟机快照与克隆

快照保留以下信息：

（1）虚拟机设置。虚拟机目录，包含执行快照后添加或更改的磁盘。

（2）电源状况。虚拟机可以打开电源、关闭电源或挂起。

（3）磁盘状况。所有虚拟机的虚拟磁盘的状况。

（4）（可选）内存状况。虚拟机内存的内容。

微课：救命稻草——虚拟机快照

恢复到快照时，虚拟机的内存、设置和虚拟磁盘都将返回到拍摄快照时的状态。多个快照之间为父子项关系。作为当前状态基准的快照即是虚拟机的父快照。拍摄快照后，所存储的状态即为虚拟机的父快照。如果恢复到更早的快照，则该快照将成为虚拟机的父快照。

2）快照的文件类型

当创建虚拟机快照时，会创建 .vmdk、-delta.vmdk、.vmsd 和 .vmsn 文件。

（1）*-delta.vmdk 文件。

该文件就是前面所提到的快照文件，也可以理解为 redo-log 文件。每创建一个快照时，就会产生一个这样的文件。而在删除快照或回复到快照时间点状态时，该文件会被删除。

（2）*.vmsd 文件。

该文件用于保存快照的 metadata 和其他信息。这是一个文本文件，保存了如快照显示名、UID（Unique Identifier）以及磁盘文件名等。在创建快照之前，它的大小是0字节。

（3） *.vmsn 文件。

这是快照状态文件，用于保存创建快照时虚拟机的状态。这个文件的大小取决于创建快照时是否选择保存内存的状态。如果选择，那么这个文件会比分配给这个虚拟机的内存还要大几兆字节。

在初始状态下，快照文件的大小为 16 MB，并随着虚拟机对磁盘文件的写操作而增长。快照文件按照 16 MB 的大小进行增长，以减少 SCSI reservation 冲突。当虚拟机需要修改原来的磁盘文件的数据块时，这些修改会被保存到快照文件中。当在快照文件中的已经修改过的数据块需要被再次修改时，这些修改将覆盖快照文件中的数据块，此时，快照文件大小不会改变。因此，快照文件的大小永远不会超过原来的 VMDK 文件的大小。

3）创建虚拟机快照

（1）单击工具栏上的"拍摄此虚拟机快照"的 图标，或者在需要建立快照的虚拟机的名称上右键单击，在出现的下拉菜单中依次单击"快照"→"拍摄快照"，然后在弹出的界面（图 1-87）中输入创建快照的名称以及描述，最后单击"确定"按钮。

（2）快照创建完成后，在快照管理器中多出来的图标就是新建的快照，如图 1-88 所示。

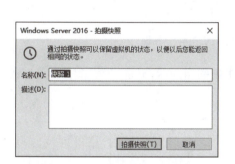

图 1-87 "拍摄快照"界面

图 1-88 "快照管理器"界面

在快照管理器中，可以对已建的快照进行删除等操作。

7. 克隆

虚拟机的克隆是原始虚拟机全部状态的一个拷贝，或者说一个镜像。克隆的过程并不影响原始虚拟机，克隆的操作一旦完成，克隆的虚拟机就可以脱离原始虚拟机而独立存在，并且在克隆的虚拟机中和原始虚拟机中的操作是相对独立的，不相互影响。克隆过程中，VMware 会生成和原始虚拟机不同的 MAC 地址和 UUID，这就允许克隆的虚拟机和原始虚拟机在同一网络中出现，并且不会产生任何冲突。VMware 支持两种类型的克隆：完整克隆和链接克隆。

完整克隆是和原始虚拟机完全独立的一个拷贝，它不和原始虚拟机共享任何资源，可以脱离原始虚拟机独立使用。

链接克隆需要和原始虚拟机共享同一虚拟磁盘文件，不能脱离原始虚拟机独立运行。但采用共享磁盘文件却大大缩短了创建克隆虚拟机的时间,同时还节省了宝贵的物理磁盘空间。通过链接克隆,可以轻松地为不同的任务创建一个独立的虚拟机。

下面介绍如何对虚拟机进行克隆。

(1)运行 VMware Workstation Pro,定位到需要克隆的虚拟机,在该虚拟机名称上右击,在出现的下拉菜单中依次单击"管理"→"克隆"。

(2)进入"欢迎使用克隆虚拟机向导"界面,单击"下一页"按钮,如图 1-89 所示。

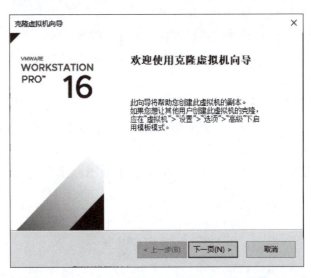

图 1-89 "欢迎使用克隆虚拟机向导"界面

(3)在弹出的"克隆源"界面中选择"虚拟机中的当前状态",单击"下一页"按钮,如图 1-90 所示。

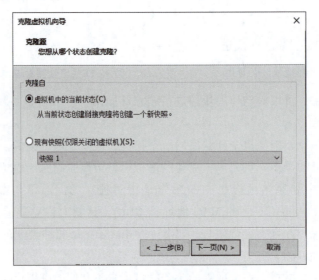

图 1-90 "克隆源"界面

(4)在"克隆类型"界面中选择"创建完整克隆",选择好后,单击"下一页"按钮,如图 1-91 所示。

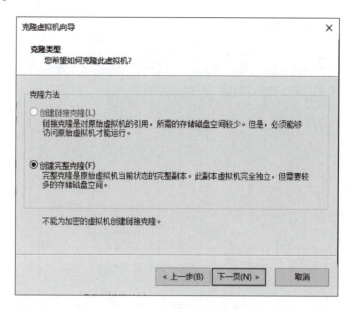

图 1-91 "克隆类型"界面

（5）在"新虚拟机名称"界面中，设置克隆虚拟机的名称，单击"完成"按钮，如图 1-92 所示，开始对虚拟机进行克隆。

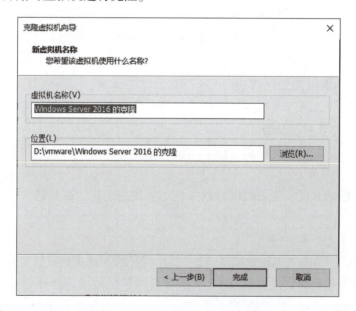

图 1-92 "新虚拟机名称"界面

（6）克隆完成后，在弹出的"克隆虚拟机向导"界面中，单击"关闭"按钮，虚拟机克隆完成，如图 1-93 所示。

（7）在 VMware Workstation Pro 的主界面，可以看到新克隆的虚拟机"Windows Server 2016 的克隆"，如图 1-94 所示。

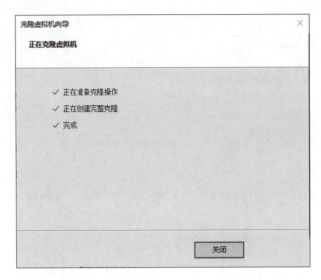

图 1-93 "克隆虚拟机向导"界面

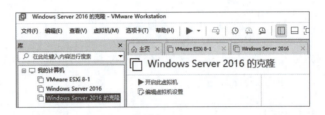

图 1-94 虚拟机主界面

8. 虚拟机与物理机文件互访

物理机与虚拟机之间互动的方式主要有三种：拖动方式，复制、粘贴方式以及设置共享文件夹的方式。

（1）拖动方式。在虚拟机与宿主机之间使用鼠标拖拽的方式直接传送数据。

操作视频：虚拟机与物理机文件互访

（2）复制、粘贴方式。在虚拟机与宿主机之间使用复制、粘贴的方式传送数据。

（3）设置共享文件夹方式。

①选择虚拟机，单击"编辑虚拟机设置"，在打开的"虚拟机设置"界面中，单击"选项"选项卡，选中"共享文件夹"，在"文件夹共享"区域中，选择"总是启用"和"在 Windows 客户机中映射为网络驱动器"，并单击"添加"按钮，如图 1-95 所示。在出现的"欢迎使用添加共享文件夹向导"界面，单击"下一步"按钮，如图 1-96 所示。

②在"命名共享文件夹"界面，选择主机路径并设置文件夹的名称，单击"下一步"按钮，如图 1-97 所示。

③在"指定共享文件夹属性"界面设置共享文件夹的属性，如果选择"启用此共享"，被共享的文件夹里的文件或文件夹能被修改、删除、查看；如果选择"只读"，只能查看共

享文件夹中的文件或者文件夹,设置完成后,单击"完成"按钮,返回到"共享文件夹"界面,如图1-98所示。

图1-95 共享文件夹设置界面

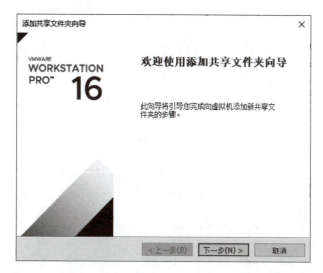

图1-96 "欢迎使用添加共享文件夹向导"界面

④在"共享文件夹"界面的"文件夹"选项中,可以看到新增加的文件夹,单击"确定"按钮。

⑤在虚拟机的"此电脑"中,可以看到一个映射的Z盘。此时,可通过该网络磁盘使用主机提供的文件,如图1-99所示。

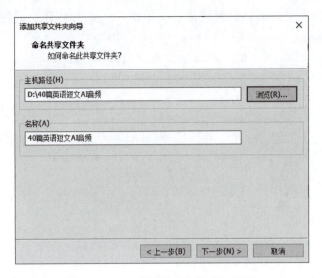

图 1-97 "命名共享文件夹"界面

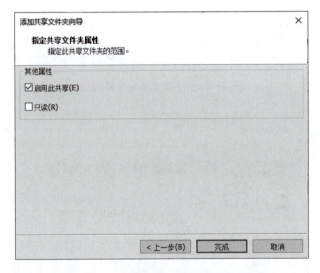

图 1-98 "指定共享文件夹属性"界面

图 1-99 虚拟机资源管理器界面

项目一 VMware Workstation 的部署实施

【任务总结】

本任务以 VMware Workstation Pro 为例,完成了 VMware Workstation Pro 的安装、网络配置;完成了在 VMware Workstation 中创建虚拟机,安装操作系统,安装 VMware Tool;完成了虚拟机的一些基本操作;完成了对虚拟机进行快照、克隆、加密等操作。

【任务评价】

序号	主要内容	考核要求	评分标准	配分	扣分	得分
1	任务实施	(1)安装 VMware Workstation Pro; (2)创建 Windows 2008 虚拟机并安装操作系统; (3)虚拟机的基本操作	(1) VMware Workstation Pro 安装完成后,能够正常开启	6分		
			(2) 成功创建虚拟机,正确安装操作系统	10分		
			(3) 正确安装 VMware Tools	8分		
			(4) 正确进行虚拟机快照管理	6分		
			(5) 克隆虚拟机	8分		
			(6) 对虚拟机加密	6分		
			(7) 对虚拟机磁盘扩容	10分		
			(8) 物理机和虚拟机文件互访	6分		
2	职业素养	(1)遵守学校纪律,保持实训室整洁干净; (2)文档排版规范; (3)小组独立完成任务	(1) 不迟到,遵守实训室规章制度,维护实训室设备	6分		
			(2) 能够正确使用截图工具截图,每张图有说明、有图标	6分		
			(3) 任务书中页面设置、正文标题、正文格式规范	6分		
			(4) 积极解决任务实施过程中遇到的问题	6分		
			(5) 同学之间能够积极沟通	6分		
			(6) 小组独立完成任务,杜绝抄袭	10分		
备注			合计	100		
小组成员签名						
教师签名						
日期						

项目二

VMware ESXi 的部署实施

【项目介绍】

　　虚拟化技术是实现云服务的关键技术之一。VMware ESXi 是一种裸金属架构，是实现虚拟化的基础。在本项目中，通过对 vSphere 虚拟化基本知识的介绍，掌握 VMware vSphere 平台系统架构的组成以及核心组件的作用；通过学习 VMware ESXi 的部署实施，学会安装、配置与管理 VMware ESXi 主机，为虚拟化项目的实施奠定基础。

【项目目标】

一、知识目标

（1）掌握虚拟化的定义及实施虚拟机的重要意义。
（2）掌握 VMware vSphere 平台系统架构的组成以及核心组件的作用。
（3）掌握 ESXi 控制台的功能。

二、能力目标

（1）学会 VMware ESXi 的安装与 VMware ESXi 控制台配置。
（2）学会使用 VMware Host Client 管理 ESXi 主机。

三、素质目标

　　通过团队共同完成任务，培养学生团队合作的意识。

【项目内容】

任务一　vSphere 概述

【任务介绍】

　　在本任务中，深入了解虚拟化技术的定义、分类，实施虚拟化技术的重要意义，理解 VMware vSphere 虚拟化架构、主要功能及其包含的组件。

【任务目标】

（1）掌握虚拟化技术的定义、分类及其应用。
（2）理解 VMware vSphere 体系架构的组成及每层的作用。
（3）理解 VMware vSphere 组件的作用。

【相关知识】

2.1 虚拟化技术概述

1. 虚拟化介绍

目前，企业使用的物理服务器一般运行单个操作系统或单个应用程序。随着服务器性能的大幅度提升，服务器的使用率越来越低。如果使用虚拟化解决方案，可以在单台物理服务器上运行多个虚拟机，每个虚拟机可以共享同一台物理服务器的资源，不同的虚拟机可以在同一台物理服务器上运行不同的操作系统以及多个应用程序。

授课视频：
虚拟化技术概述

虚拟化的工作原理是直接在物理服务器硬件或主机操作系统上插入一个精简的软件层。该软件层包含一个以动态和透明方式分配硬件资源的虚拟机监视器（虚拟化管理程序，也称为 Hypervisor）。多个操作系统可以同时运行在单台物理服务器上，彼此之间共享硬件资源。由于是将硬件资源（包括 CPU、内存、操作系统和网络设备）封装起来，因此，虚拟机可以与所有的标准的 x86 操作系统、应用程序和设备驱动程序完全兼容，可以同时在一台物理服务器上安装运行多个操作系统和应用程序，每个操作系统和应用程序都可以在需要时访问其所需的资源。

微课：最佳部署平台
——VMware vSphere

2. 物理体系结构与虚拟体系结构的差异

传统物理体系结构中，一台物理服务器一般运行一个操作系统以及一个应用程序，而虚拟体系结构中，一台物理服务器可以运行多个操作系统以及多个应用程序，有效地提高了物理服务器的使用率。

3. 实施虚拟化的重要意义

1）降低能耗

整合服务器通过将物理服务器变成虚拟服务器来减少物理服务器的数量，可以在电力和冷却成本上获得巨大节省。根据数据中心里服务器和相关硬件的数量，企业可以从减少能耗与制冷需求中获益，从而降低 IT 成本。

2）节省空间

使用虚拟化技术大大节省了所占用的空间，减少了数据中心里服务器和相关硬件的数量，避免过多部署。在实施服务器虚拟化之前，管理员通常需要额外部署服务器来满足不时之需。利用服务器虚拟化，可以避免这种额外部署工作。

3）节约成本

使用虚拟化技术大大削减了采购服务器的数量，同时，相对应的占用空间和能耗都变小了,每台服务器大约可节约 3 500~4 000 元/年。

4) 提高基础架构的利用率

通过将基础架构资源池化并打破一个应用一台物理机的藩篱,虚拟化大幅提升了资源利用率。通过减少额外硬件的采购,企业可以获得大幅成本节约。

5) 提高稳定性

提高可用性,带来具有透明负载均衡、动态迁移、故障自动隔离、系统自动重构的高可靠服务器应用环境;通过将操作系统和应用从服务器硬件设备隔离开,病毒与其他安全威胁无法感染其他应用。

6) 减少宕机事件

迁移虚拟机服务器虚拟化的一大功能是支持将运行中的虚拟机从一个主机迁移到另一个主机上,而且这个过程中不会出现宕机事件,有助于虚拟化服务器实现比物理服务器更长的运行时间。

7) 提高灵活性

通过动态资源配置提高 IT 对业务的灵活适应力,支持异构操作系统的整合,支持老应用的持续运行,减少迁移成本。支持异构操作系统的整合,支持老应用的持续运行,支持快速转移和复制虚拟服务器,提供一种简单、便捷的灾难恢复解决方案。

2.2 VMware vSphere 虚拟化架构简介

VMware vSphere 8.0 是业界领先的虚拟化平台,可以让用户自信地虚拟化纵向扩展和横向扩展应用、重新定义可用性和简化虚拟数据中心,最终可实现高度可用、恢复能力强的按需基础架构。这可以降低了数据中心成本,增加系统和应用正常运行时间,显著简化 IT 运行数据中心的方式。vSphere 8.0 相较于 vSphere 6.5 在管理和安全两个方面增加了一些

授课视频:vSphere
虚拟化架构简介

特性。在管理方面,增强链接模式支持 vCenter Server Appliance 内置的 PSC(Platform Service Controller),vSphere Update Manager(VUM)操作升级加速,改进 HTML5 客户端;在安全方面,支持 TPM(Trusted Platform Module,可信平台模块)2.0,为虚机增加虚拟 TPM 来提高虚拟机安全保护,支持跨 vCenter 的加密 vMotion。这些特性提升了 vSphere 性能。

VMware vSphere 平台从其自身的系统架构来看,可分为 3 个层次:虚拟化层、管理层、接口层。图 2-1 所示为 vSphere 虚拟化整体架构[①]。

1. 虚拟化层

(1) VMware vSphere 的虚拟化层是最底层,包括基础架构服务和应用程序服务。

(2) 基础架构服务是用来分配硬件资源的,包括计算机服务、网络服务和存储服务。

(3) 计算机服务可提供虚拟机 CPU 和虚拟内存功能,可将不同的 x86 计算机虚拟化为 VMware 资源,使这些资源得到很好的分配。

(4) 网络服务是在虚拟环境中简化并增强了的网络技术集,可提供网络资源。

---

① https://docs.vmware.com/cn/VMware-vSphere/index.html.

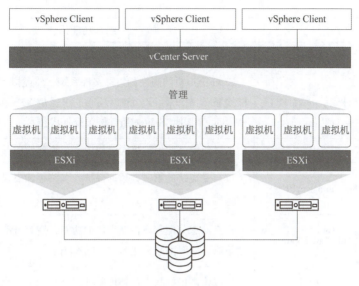

图 2–1 vSphere 系统架构

（5）存储服务是 VMware 在虚拟环境中高效率的存储技术，可提供存储资源。

（6）应用程序服务是针对虚拟机的，可保障虚拟机的正常运行，使虚拟机具有高可用性、安全性和可扩展性等特点。

（7）VMware 的高可用性包括 vMotion、Storage VMware、HA、FT、Date Recovery。

（8）安全性包括 VMware vShield 和虚拟机安全，其中，VMware vShield 是专为 VMware vCenter Server 集成而构建的安全虚拟设备套件。VMware vShield 是保护虚拟化数据中心免遭攻击和误用的关键安全组件，可帮助实现合规性强制要求的目标。

2. 管理层

管理层是非常重要的一层，是虚拟化环境的中央点。VMware vCenter Server 可提高在虚拟基础架构每个级别上的集中控制和可见性，通过主动管理来发挥 vSphere 潜能，是一个具有广泛合作伙伴体系支持的可伸缩、可扩展的平台。

3. 接口层

用户可以通过 vSphere Client 或 vSphere Web Client 客户端访问 VMware vSphere 数据中心。

2.3 vSphere 主要功能及组件

vSphere 的主要功能和组件见表 2–1。

表 2–1 vSphere 组件及功能

组件名称	组件功能描述
VMware vSphere Client	允许用户从任何 Windows PC 远程连接到 vCenter Server 或 ESXi 的界面
VMware vSphere Web Client	允许用户通过 Web 浏览的方式访问 vCenter Server 或 ESXi 的界面

续表

组件名称	组件功能描述
VMware vSphere SDK	为第三方解决方案提供的标准界面
vSphere 虚拟机文件系统（VMFS）	ESXi 虚拟机的高性能集群文件系统，使虚拟机可以访问共享存储设备（光纤通道、iSCSI 等），并且是 VMware vSphere Storage vMotion 等其他 vSphere 组件的关键促成技术
vSphere Virtual SMP	可以使单一的虚拟机同时使用多个物理处理器
VMware vSphere Storage API	可与受支持的第三方数据保护、多路径和磁盘阵列解决方案进行集成
VMware vSphere Thin Provisioning	提供动态分配共享存储容量的功能，使 IT 部门可以实施分层存储策略，同时削减多达 50% 的存储开销
vSphere vMotion	可以将虚拟机从一台物理服务器迁移到另一台物理服务器，同时保持零停机时间、连续的服务可用性和事务处理的完整性
VMware vSphere Storage vMotion	可以在数据存储之间迁移虚拟机文件而无须中断服务
VMware vSphere Fault Tolerance（FT）	可在发生硬件故障的情况下为所有应用提供连续可用性，不会发生任何数据丢失或停机。针对最多 4 个虚拟 CPU 的工作负载
VMware vSphere Data Protection	是一款由 EMC Avamar 提供支持的 VMware 备份和恢复的解决方案
VMware vShield Endpoint	借助能进行负载分流的防病毒和防恶意软件解决方案，无须在虚拟机内安装代理就可以保护虚拟机
vSphere High Availability（HA）	高可用性，如果服务器出现故障，受到影响的虚拟机会在其他拥有多余容量的可用服务器上重新启动
Resource Scheduler（DRS）	通过为虚拟机收集硬件资源，动态分配和平衡计算容量
vSphere 存储 DRS	在数据存储集合之间动态分配与平衡存储容量和 I/O

【任务总结】

虚拟化技术把有限的固定的资源根据不同需求进行重新规划，以达到最大利用率。本任务主要介绍了虚拟化的定义、物理体系结构与虚拟体系结果的差异、实施虚拟化的重要意义，重点介绍了 VMware vSphere 虚拟化的体系架构，并对该架构的每一层进行了详细的描述。简单介绍了 vSphere 的组件及其功能。

【任务评价】

序号	主要内容	考核要求	评分标准	配分	扣分	得分
1	任务实施	查阅资料撰写报告：主流虚拟化技术概述	（1）服务器虚拟化、网络虚拟化与存储虚拟化的定义、作用描述准确	20 分		
			（2）服务器虚拟化的核心技术描述准确	6 分		
			（3）主流虚拟化解决方案介绍全面	10 分		
			（4）主流虚拟化技术市场占有率分析	30 分		
2	职业素养	（1）遵守学校纪律，保持实训室整洁、干净；（2）文档排版规范；（3）小组独立完成任务	（1）不迟到，遵守实训室规章制度，维护实训室设备	6 分		
			（2）任务书中页面设置、正文标题、正文格式规范	6 分		
			（3）积极解决任务实施过程中遇到的问题	6 分		
			（4）同学之间能够积极沟通	6 分		
			（5）小组独立完成任务，杜绝抄袭	10 分		
备注			合计	100		
小组成员签名						
教师签名						
日期						

任务二　ESXi 的安装配置与基本应用

【任务介绍】

VMware ESXi 是 VMware 虚拟化的核心组件之一，是 VMware 云计算机企业虚拟化的基础。本任务主要是完成 VMware ESXi 的安装、VMware ESXi 控制台设置、使用 VMware Host Client 客户端管理 VMware ESXi。

【任务目标】
(1) 理解 VMware ESXi 的作用、体系架构。
(2) 理解 VMware ESXi 安装要求，学会 VMware ESXi 的安装以及控制台配置。
(3) 学会使用 VMware Host Client 管理 ESXi 主机。

【相关知识】

2.4 VMware ESXi 概述

VMware ESXi 是 vSphere 的核心组件之一，是用于创建和运行虚拟机的虚拟化平台，它将处理器、内存、存储器和资源虚拟化为多个虚拟机。通过 ESXi 可以运行虚拟机/安装操作系统、运行应用程序以及配置虚拟机。

授课视频：ESXi 简介与 ESXi 的安装

在原始 ESXi 体系结构中，虚拟化内核（称为 VMkernel）使用服务控制台的管理分区来扩充。服务控制台的主要用途是提供主机的管理界面。在服务控制台中部署了各种 VMware 管理代理以及其他基础架构代理。在此体系结构中，许多客户都会部署来自第三方的其他代理以提供特定功能，如硬件监控和系统管理。而且，个别管理用户还会登录服务控制台操作系统运行配置和诊断命令及脚本。

微课：云中基石——VMware ESXi 管理

在新的 ESXi 体系结构中移除了服务控制台的操作，所有的 VMware 代理均在 VMkernel 上运行。只有获得 VMware 数字签名的模块才能在系统上运行，因此形成了严格锁定的体系结构。通过组织任意代码在 ESXi 主机上运行，极大地改进了系统的安全性。

因此，ESXi 体系结构独立于任何通用操作系统运行，可提高安全性、增强可靠性并简化管理。紧凑型体系结构设计旨在直接集成到针对虚拟化进行优化的服务器硬件中，从而实现快速安装、配置和部署。

VMware ESXi 的体系架构包含虚拟化层和虚拟机，而虚拟化层有两个重要组成部分：虚拟化管理程序 VMkernel 和虚拟机监视器 VMM。ESXi 主机可以通过 vSphere Client、vCLI、API/SDK 和 CIM 接口接入管理。

1. VMkernel

VMkernel 是虚拟化的核心和推动力，由 VMware 开发并提供与其他操作系统所提供的功能类似的某些功能，如进程创建和控制、信令、文件系统和进程线程。VMkernel 控制和管理服务器的实际资源，它用资源管理器排定 VM 顺序，为它们动态分配 CPU 时间、内存和磁盘及网络访问。它还包含了物流服务器各种组件的设备驱动器——例如，网卡和磁盘控制卡、VMFS 文件系统和虚拟交换机。

VMkernel 专用于支持运行多个虚拟机及提供资源调度、I/O 堆栈、设备驱动程序核心功能。

VMkernel 可将虚拟机的设备映射到主机的物理设备。例如，虚拟 SCSI 磁盘驱动器可映射到与 ESXi 主机连接的 SAN LUN 中的虚拟磁盘文件；虚拟以太网 NIC 可通过虚拟交换机端口连接到特定的主机 NIC。

2. 虚拟机监视器 VMM

每个 ESXi 主机的关键组件是一个称为 VMM 的进程。对于每个已开启的虚拟机，将在 VMkernel 中运行一个 VMM。虚拟机开始运行时，控制权将转交给 VMM，然后由 VMM 依次执行虚拟机发出的指令。VMkernel 将设置系统状态，以便 VMM 可以直接在硬件上运行。然而，虚拟机中的操作系统并不了解此次控制权转交，而会认为自己是在硬件上运行。

VMM 使虚拟机可以像物理机一样运行，而同时仍与主机及其他虚拟机保持隔离。因此，如果单台虚拟机崩溃，主机本身以及主机上的其他虚拟机将不受任何影响。

【任务实施】

2.5 VMware ESXi 8.0 安装

从 VMware 网站 https://my.vmware.com/web/vmware/downloads 下载 ESXi 安装镜像。首先，在 VMware Workstation 中创建虚拟机，然后安装 VMware ESXi。

操作视频：VMware ESXi 8.0 的安装

1. VMware ESXi 8.0 的安装要求

1）VMware ESXi 8.0 安装硬件要求

目前主流服务器的 CPU、内存、硬盘、网卡等均支持 VMware ESXi 8.0 安装，需要注意的是，使用兼容机可能会出现无法安装的情况，VMware 官方推荐的硬件标准如下所述。

（1）处理器。

ESXi 8.0 要求主机至少具有两个 CPU 内核。

ESXi 8.0 支持广泛的多核 64 位 x86 处理器。

ESXi 8.0 需要在 BIOS 中针对 CPU 启用 NX/XD 位。

（2）内存。

ESXi 8.0 需要至少 8 GB 的物理 RAM。至少提供 12 GB 的 RAM，以便能够在典型生产环境中运行虚拟机。

（3）网卡。

一个或多个千兆或更快以太网控制器。

（4）硬盘。

ESXi 8.0 需要至少具有 32 GB 永久存储（如 HDD、SSD 或 NVMe）的引导磁盘。仅对 ESXi 引导槽分区使用 USB、SD 和非 USB 闪存介质设备。引导设备不得在 ESXi 主机之间共享。

SCSI 磁盘或包含未分区空间用于虚拟机的本地（非网络）RAID LUN。

对于硬件方面的详细要求，可参考 VMware 官方网站《VMware vSphere 8.0 文档中心》，其网址为 https://docs.vmware.com/cn/vmware-vsphere/8.0/com.vmware.esxi.install.doc/GUID-DEB8086A-306B-4239-BF76-E354679202FC.html。

2）VMware ESXi 8.0 安装环境准备

准备 VMware ESXi 8.0 安装环境，有三种方法：

（1）在服务器上安装。可以在 IBM、HB、Dell 这些服务器上安装测试 VMware ESXi，在安装的时候，服务器原来的数据会丢失，需要备份数据。

（2）在 PC 上测试。在某些 Intel H61 芯片组、CPU 是 Core I3/I5/I7 的、支持 64 位硬件虚拟化的普通 PC 上，将 VMware ESXi 安装在 U 盘上，用 SATA 硬盘作为数据盘。VMware ESXi 不能安装在 SATA 硬盘上。

（3）在 VMware Workstation 虚拟机测试。这需要主机是 64 位 CPU，并且 CPU 支持硬件辅助虚拟化，至少 4~8 GB 的物理内存。如果做 FT 的实验，则要求主机至少 16 GB 内存。

3）VMware ESXi 安装方式

ESXi 有多种安装方式，包括：

（1）交互式安装：用于不超过五台主机的小型环境部署。

（2）脚本式安装：不需要人工干预就可以安装部署多个 ESXi 主机。

（3）使用 vSphere Auto Deploy 进行安装：通过 vCenter Server 有效地置备和重新置备大量 ESXi 主机。

（4）ESXi Image Builder CLI 自定义安装：可以使用 ESXi Image Builder CLI 创建带有自定义的一组更新、修补程序和驱动程序的 ESXi 安装映像。

2. 创建 VMware ESXi 8.0 实验虚拟机

（1）在 VMware Workstation 中，进入新建虚拟机向导，采用自定义方式创建虚拟机，如图 2-2 所示。

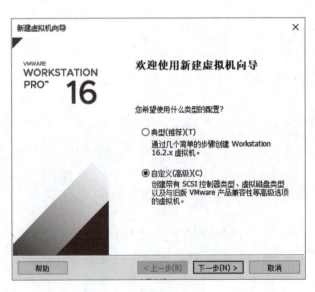

图 2-2 "欢迎使用新建虚拟机向导"界面

（2）在"选择虚拟机硬件兼容性"界面，硬件兼容性选择"Workstation 16.2.x"，单击"下一步"按钮，如图 2-3 所示。

（3）在"安装客户机操作系统"界面，选择"稍后安装操作系统"，单击"下一步"按钮，如图 2-4 所示。

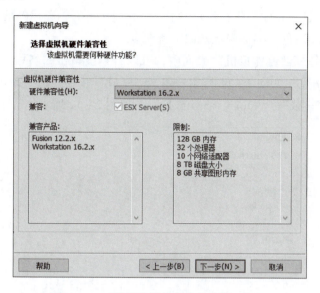

图 2-3　"选择虚拟机硬件兼容性"界面

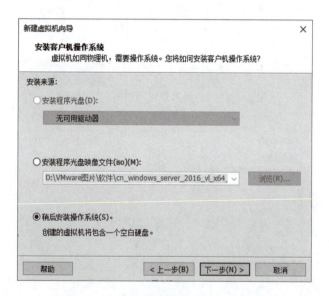

图 2-4　"安装客户机操作系统"界面

（4）在"选择客户机操作系统"界面，客户操作系统选择"VMware ESX（X）"，在"版本"中选择"VMware ESXi 7 和更高版本"，单击"下一步"按钮，如图 2-5 所示。

（5）在"命名虚拟机"界面，为新创建的虚拟机命名并选择安装目录，同时选择安装位置，单击"下一步"按钮，如图 2-6 所示。

（6）在"处理器配置"界面，选择虚拟机中处理器的数量。在 VMware ESXi 8.0 中，至少需要 2 个 CPU，所以在此选择 2 个虚拟 CPU，单击"下一步"按钮，如图 2-7 所示。

(7) 为 VMware ESXi 8 虚拟机设置至少 8 GB 内存（图 2-8）、使用 NAT 方式上网（图 2-9）、分配 142 GB 虚拟硬盘并选择"将虚拟磁盘拆分成多个文件"（图 2-10），在"选择 I/O 控制器类型"界面中选择准虚拟化 SCSI（P），在"选择磁盘类型"界面中选择 SCSI（S），在"选择磁盘"界面中选择创建新虚拟磁盘。

(8) 在"已准备好创建虚拟机"界面中，可以看到虚拟机的名称、保存的位置、版本号以及操作系统等信息。如图 2-11 所示，单击"完成"按钮，回到 VMware Workstation 主界面，可以看到已创建好的 VMware ESXi 虚拟机，如图 2-12 所示。

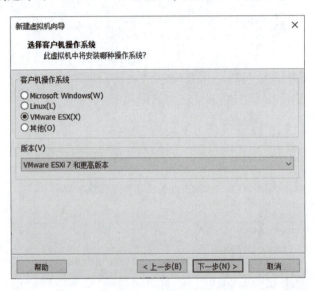

图 2-5 "选择客户机操作系统"界面

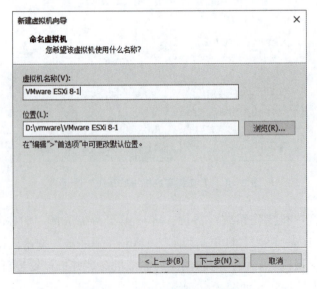

图 2-6 "命名虚拟机"界面

项目二　VMware ESXi 的部署实施

图 2-7　"处理器配置"界面

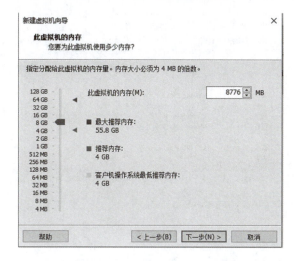

图 2-8　"此虚拟机内存"界面

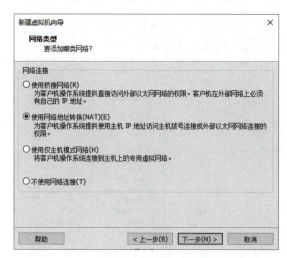

图 2-9　"网络类型"界面

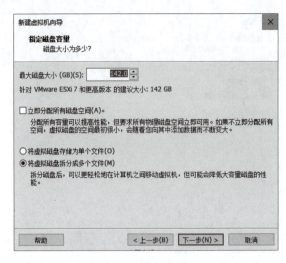

图 2-10 "指定磁盘容量"界面

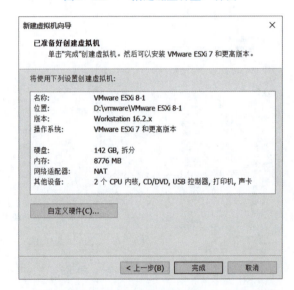

图 2-11 "已准备好创建虚拟机"界面

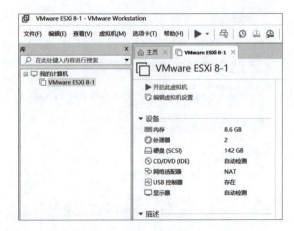

图 2-12 VMware Workstaion 主界面

3. 在虚拟机中安装 VMware ESXi 8.0

(1) 单击 2–12 图中 "编辑虚拟机设置",在弹出的 "虚拟机设置" 界面中,选择 VMware ESXi 8.0 安装光盘镜像作为虚拟机光驱,单击 "确定" 按钮,开始安装 VMware ESXi,如图 2–13 所示。

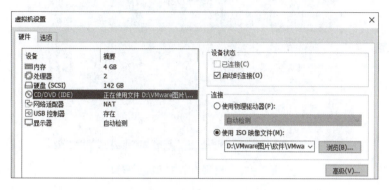

图 2–13　"虚拟机设置" 界面

(2) 在开始安装界面中,把光标移动到 "ESXi–8.0.0–20191204001–standard Installer" 上并按 Enter 键,开始 VMware ESXi 8.0 的安装。

VMware ESXi 8.0 默认存储空间中,VMFSL 占用 100+GB 空间,如果创建虚拟机的时候给了 142 GB,减去系统占用的空间和 VMFSL 占用的空间,实际可用空间为 14 GB 左右,所以建议设置压缩一下 VMFSL 空间的占用。

修改方法:

在出现图 2–14 界面时,按 Shift+o 组合键,在默认代码 runweasel cdromBoot 后面添加 autoPartitionOSDataSize=6144 (注意区分大小写)。

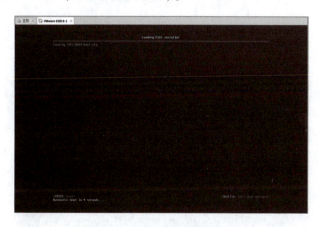

图 2–14　开始安装界面

(3) 在安装过程中,VMware ESXi 会检测当前主机的硬件配置并显示出来,按 Enter 键继续安装,如图 2–15 所示。

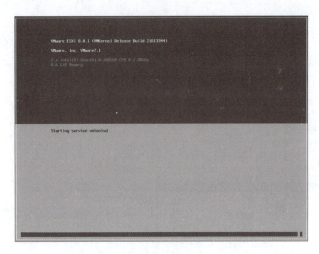

图 2-15　检测当前主机配置界面

（4）在"Welcome to the VMware ESXi 8.0.1 Installation"界面中，按 Enter 键安装，按 Esc 键取消安装，如图 2-16 所示。

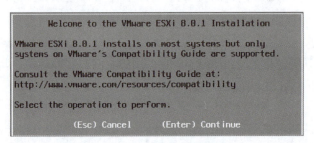

图 2-16　选择操作性能界面

（5）在"End User License Agreement（EULA）"界面中，按 F11 键接受许可协议继续安装，如图 2-17 所示。

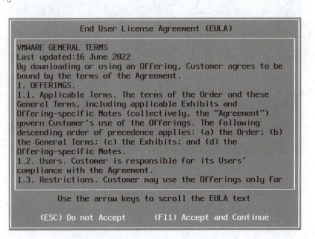

图 2-17　接受许可协议界面

（6）在"Select a Disk to Install or Upgrade"界面中，选择安装位置，将 VMware ESXi 安装到 100 GB 的虚拟硬盘上，如图 2-18 所示。

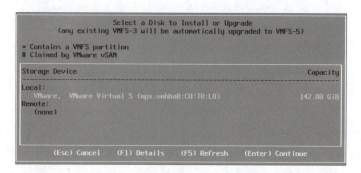

图 2-18　选择安装磁盘界面

（7）在"Please select a keyboard layout"界面中，选择"US Default"，按 Enter 键继续，如图 2-19 所示。

图 2-19　选择默认键盘界面

（8）在"Enter a root password"界面中设置管理员密码，用户名为 root，按 Enter 键继续，如图 2-20 所示。

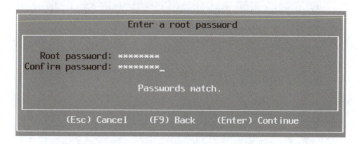

图 2-20　设置密码界面

注：默认情况下，在创建密码时，必须至少包括以下四类字符中三类字符的组合：小写字母、大写字母、数字和特殊字符（如下划线或短划线）。

密码长度至少为 7 个字符，并且小于 40 个字符。

（9）在"Confirm Install"界面中，按 F11 键，开始安装 ESXi，如图 2-21 所示。

图 2-21 确认安装界面

（10）在 VMware ESXi 安装完成后，弹出"Installation Complete"界面，按 Enter 键重新启动。当 VMware ESXi 启动成功后，在控制台窗口可以看到当前服务器信息。在控制台窗口中显示了 VMware ESXi 当前运行服务器的 CPU 型号、主机内存大小与管理地址等信息，如图 2-22 所示。在图 2-22 中，按 Enter 键重新启动 VMware ESXi 主机。

图 2-22 重新启动界面

（11）重新启动后，VMware ESXi 主机界面如图 2-23 所示。

图 2-23 ESXi 安装成功界面

默认情况下，动态主机配置协议（DHCP）会对 IP 进行配置，然后系统会将所有可见空白内部磁盘格式化为虚拟机文件系统（VMFS），以便将虚拟机存储在磁盘上。

2.6 VMware ESXi 8.0 控制台设置

安装完 ESXi 主机后,需要对 ESX 的控制台进行设置。在控制台界面中完成管理员密码的修改、控制台管理地址的设置与修改、VMware ESXi 主机名称的修改、重启系统配置(恢复 VMware ESXi 默认设置)等功能。

1. 进入控制台界面

开启已安装好的 ESXi,按 F2 键,进入系统,输入管理员密码,如图 2-24 所示;输入之后按 Enter 键,进入系统设置界面,在该界面中能够完成口令修改、配置管理网络、测试管理网络、恢复网络配置等操作,如图 2-25 所示。在控制台设置过程中,会使用一些按键,见表 2-2。

操作视频:
VMware ESXi 8.0
控制台配置

授课视频:
VMware ESXi 8.0
控制台设置

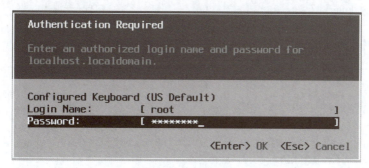

图 2-24 用户认证界面

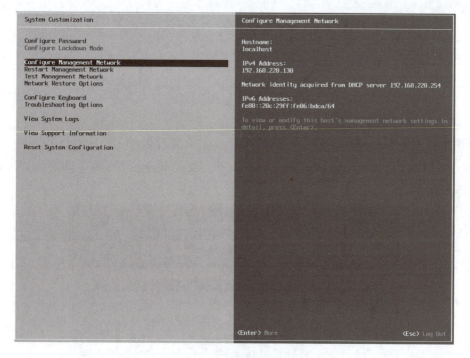

图 2-25 系统设置界面

表 2-2 设置 ESXi 8.0 所使用的按键及说明

按键操作	使用说明
F2	查看和更改配置
F4	将用户界面更改为高对比度模式
F12	关机或重启主机
光标键	光标键在字段间移动所选内容
Enter	选择菜单项
空格（Space）	切换值
F11	确认敏感命令，如重置配置默认值
Enter	保存并退出
Esc	退出但不保存更改
Q	退出系统日志

Configure Password　　　　　　　　配置 root 密码。
Configure Lockdown Mode　　　　　配置锁定模式。启用锁定模式后，除 vpxuser 以外的任何用户都没有身份验证权限,也无法直接对 ESXi 执行操作。锁定模式将强制所有操作都通过 vCenterServer 执行。
Configure Management Network　　配置网络。
Restart Management Network　　　 重启网络。
Test Management Network　　　　　使用 ping 命令测试网络。
Network Restore Options　　　　　　还原网络配置。
Configure Keyboard　　　　　　　　 配置键盘布局。
Troubleshooting Options　　　　　　 故障排除设置。
View System Logs　　　　　　　　　查看系统日志。
View Support Information　　　　　　查看支持信息。
Reset System Configuration　　　　　还原系统配置。

2. 修改管理员口令

如果要修改 VMware ESXi 8.0 的管理员密码，将光标移动到"Configure Password"处按 Enter 键，在弹出的"Configure Password"界面中修改 VMware ESXi 8.0 的管理员密码，如图 2-26 所示。

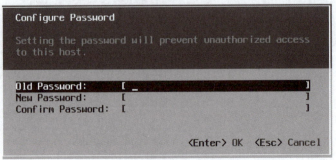

图 2-26 修改管理员密码界面

3. 配置管理网络

在"Configure Management Network"选项中,可以选择管理接口网卡、控制台管理地址、设置 VMware ESXi 主机名称等。首先将光标移动到"Configure Management Network"处,然后按 Enter 键,开始配置主机管理网络,如图 2-27 所示。

图 2-27 管理网络设置界面

1) Network Adapters

在管理网络界面,将光标移到"Network Adapters"选项,按 Enter 键,打开"Network Adapters"界面,在此选择默认的管理网卡,按 Enter 键返回到管理网络界面,如图 2-28 所示。

图 2-28 网卡设置界面

2) VLAN (optional)

在管理网络界面,将光标移到"VLAN(optional)"选项,按 Enter 键,在"VLAN(optional)"选项中,为管理网络设置一个 VLAN ID,输入 1~4 094 之间的一个 VLAN ID 编号。一般情况下不要对此进行设置与修改,设置完成后,按 Enter 键返回到管理网络界面,如图 2-29 所示。

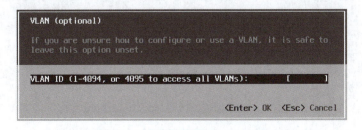

图 2-29 VLAN(optional)设置界面

3） IP Configuration

在管理网络界面，将光标移到"IPv4 Configuration"选项，按 Enter 键，打开"IPv4 Configuration"界面，设置 VMware ESXi 管理地址，如图 2-30 所示。VMware ESXi 的默认选项是 Use dynamic IPv4 address and network configuration，即使用 DHCP 来分配网络，使用 DHCP 来分配管理 IP，适用于大型的数据中心的 ESXi 部署。在实际使用中，应该为 VMware ESXi 设置一个静态的 IP 地址，用空格键选择"Set static IPv4 address and network configuration"，并设置一个静态的 IP 地址。同时，为 VMware ESXi 主机设置正确的子网掩码与网关地址，以让 VMware ESXi 主机能连接到 Internet，或者至少能连接到局域网内部的"时间服务器"。设置完静态 IP 地址后，按 Enter 键，在弹出的界面中提示是否应用改变并重启网络吗，选择"Y"确认，如图 2-31 所示。

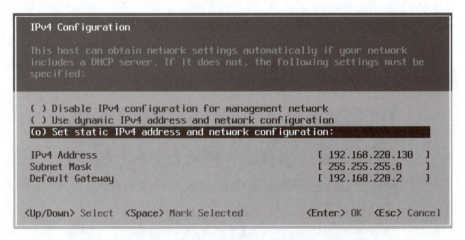

图 2-30　IP 地址配置界面

Disable IPv4 configuration for management network　禁用 IPv4 地址
Use dynamic IPv4 address and network configuration　配置动态 IPv4 地址
Set static IPv4 address and network configuration　配置静态 IPv4 地址

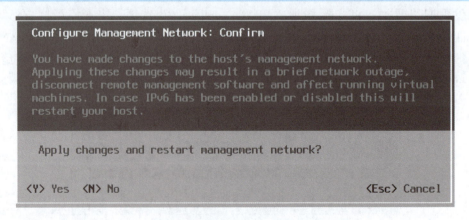

图 2-31　配置管理网络确认界面

4）DNS Configuration

在"DNS Configuration"选项中，设置 DNS 的地址与 VMware ESXi 主机名称，如图 2 – 32 所示。需要在此项中设置正确的 DNS 服务器，以能实现时间服务器的域名解析。在 Hostname 处设置 VMware ESXi 主机名。

图 2 – 32　DNS 配置界面

5）Custom DNS Suffixes

在"Custom DNS Suffixes"选项中，设置 DNS 的后缀名称，设置完成后，按 Enter 键，如图 2 – 33 所示。

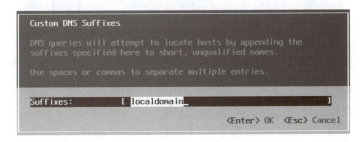

图 2 – 33　DNS 的后缀名称设置界面

配置好管理网络后，按 Esc 键返回到系统设置界面。

4. Restart Management Network

在配置 VMware ESXi 管理网络时，当出现错误而导致 VMware vSphere Client 无法连接到 VMware ESXi 时，选择"Restart Management Network"，在弹出的界面中按 F11 键，重新启动管理网络，如图 2 – 34 所示。

图 2 – 34　重启网络配置界面

5. Test Management Network

"Test Management Network" 选项测试当前 VMware ESXi 的网络设置是否正确。在该选项中，输入主机网络的 IP 地址，按 Enter 键，测试结果为 "OK" 则表明 ESXi 主机网络配置没有问题，如图 2-35 所示，反之，则表示网络配置有问题，需要排查，如图 2-36 所示。

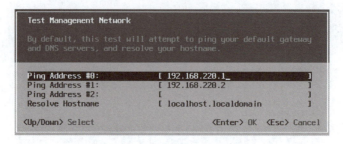

图 2-35　管理网络测试界面

图 2-36　网络测试结果界面

6. 还原网络配置

在 "Network Restore Options"（还原网络配置）界面中包括 6 个选项：Create Standard Switch（创建标准交换机）、Create Port Group（创建端口组）、Migrate VMkernel NIC to Standard Switch（迁移 VMkernel NIC 到标准交换机）、Restore Network Settings（还原网络配置）、Restore Standard Switch（还原标准交换机）和 Restore vDS（还原分布式交换机），如图 2-37 所示。选中 "Restore Network Settings" 后，系统会出现提示，确认是否将网络设置还原到出厂状态，如图 2-38 所示，按 F11 键确认。

图 2-37　还原网络配置界面

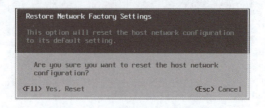

图 2-38　确认是否恢复网络设置界面

7. 启用 ESXi Shell 与 SSH

在"Troubleshooting Mode Options"（故障排除）界面中，可以启用 SSH 功能、启用 ESXi Shell、修改 ESXi Shell 的超时时间等，如图 2-39 所示。

图 2-39　故障排除设置界面 1

将光标移动到"Enable ESXi Shell"，按 Enter 键，右侧 ESXi Shell 将处于开启状态，如图 2-40 所示。在该处按 Alt+F1 组合键进入 Shell 界面，如图 2-41 所示，输入 ESXi 主机的用户名和密码即可登录。进入 Shell 环境完成对 ESXi 主机的管理工作，登录后的界面如图 2-42 所示。在执行完命令后，在命令行按 Alt+F2 组合键即可切换回图形界面。

图 2-40　故障排除设置界面 2

图 2-41　Shell 界面 1

图 2-42　Shell 界面 2

8. 查看系统日志

在"View System Logs"（查看系统日志）界面中，可以查看多种日志：Syslog、Vmkernel、Config、Management Agent、VirtualCenter Agent、Vmware ESXi Observation Log，用户可以根据需要进行查看，如图 2-43 所示。选择 1，可以查看系统日志，按 Q 键可以退出，如图 2-44 所示。

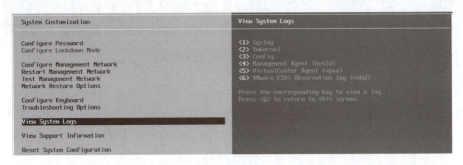

图 2-43 查看系统日志界面

图 2-44 系统日志输出界面

9. 查看支持信息

在"View Support Information"（查看支持信息）界面，可以查看版本的序列号、License 序列号等信息，如图 2-45 所示。

图 2-45 查看支持信息界面

10. 恢复系统配置

"Reset System Configuration"选项可以恢复 VMware ESXi 的默认设置，即 ESXi 主机的全部设置被清除，恢复到原始状态，安装时的密码也会被清空。选择此选项后，弹出确认是否恢复系统配置的界面，确认按 F11 键，取消按 Esc 键，如图 2-46 所示。

图 2-46　确认恢复系统配置界面

2.7 管理 VMware ESXi 8.0

可以使用 VMware Host Client、vSphere Web Client 和 vCenter Server 管理 ESXi 主机。VMware Host Client 支持的客户机操作系统和 Web 浏览器版本见表 2-3。

操作视频：管理 VMware ESXi 8.0　　授课视频：管理 VMware ESXi 8.0　　微课：VMware ESXi 管理

表 2-3　VMware Host Client 支持的客户机操作系统和 Web 浏览器版本

支持的浏览器	macOS	Windows 32 位和 64 位版本	Linux
Google Chrome	89 +	89 +	75 +
Mozilla Firefox	80 +	80 +	60 +
Microsoft Edge	90 +	90 +	不适用
Safari	9.0 +	不适用	不适用

1. 使用 VMware Host Client 管理 ESXi 主机

在浏览器中输入 VMware ESXi 的 IP 地址，对虚拟机进行配置。在登录界面，输入 ESXi 主机名或 IP 地址、用户名、该用户的密码。在本例中，输入 IP 地址为 192.168.220.130，用户名为 root，密码为在安装 ESXi 时设置的密码，如图 2-47 所示。

在登录 ESXi 主机时，系统会弹出"帮助我们改善 VMware Host Client"界面，勾选"加入 VMware 客户体验改进计划"，单击"确定"按钮即可，如图 2-48 所示。

图 2-47　使用网页登录 ESXi 主机界面　　图 2-48　帮助我们改善 VMware Host Client 界面

成功登录 ESXi 主机，如图 2-49 所示。

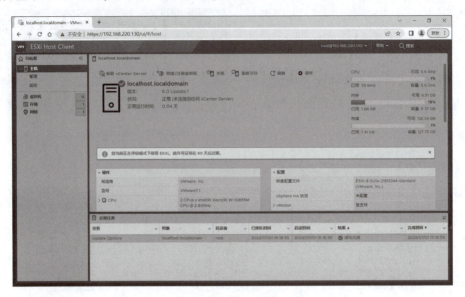

图 2-49　成功登录 ESXi 主机界面

在 ESXi 主界面，会有 VMware 评估通知，提示评估许可证将在 60 天后过期。评估许可证过期后，ESXi 主机可能会停止管理其清单中所有虚拟机。为了管理这些虚拟机，需要获取许可证并将其分配给 ESXi 主机。

在 ESXi 主界面的导航器中包括主机、虚拟机、存储和网络四部分。主机又包括管理和监控两个选项。在监控界面的"性能"选项卡中，可以查看 CPU、磁盘、内存、网络、系统等性能，如图 2-50 所示。

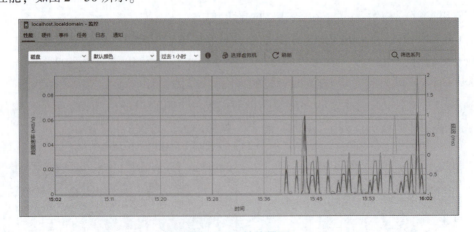

图 2-50　性能界面

在管理界面的"安全和用户"选项卡中包括接受级别、身份验证、证书、角色、锁定模式，如图 2-51 所示。依次单击"安全和用户"→"角色"→"添加角色"为 ESXi 主机的管理用户新增一种角色，如图 2-52 所示。依次单击图 2-51 中的"系统"→"自动启动"→"编辑设置"，为 ESXi 主机更改自动启动配置，如图 2-53 所示。

图2-51 管理界面

图2-52 添加角色界面

图2-53 更改自动启动配置界面

2. 管理 VMware ESXi 本地存储器

1) 上传文件

（1）单击导航器中的"存储"→"数据存储"，可以看到 ESXi 主机的数据存储的情况，如图2-54所示。

图2-54 浏览数据存储设置界面

（2）在图2-54中，单击"浏览数据存储器"，弹出"数据存储浏览器"界面，在该界面中可以创建目录、上传、下载、删除、移动和复制文件或者文件夹，如图2-55所示。

（3）在图2-55中，单击"创建目录"，创建一个名为 win2008ISO 的目录，单击"创建目录"按钮，如图2-56所示。

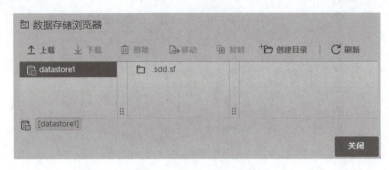

图 2-55　数据存储浏览界面

图 2-56　新建目录界面

（4）选中已创建好的目录，单击"上载"选项卡，上传 win2008ISO 的镜像文件，如图 2-57 所示。当进度条为 100% 时，单击 win2008ISO 文件夹可以看到上传成功的镜像文件。

图 2-57　文件上载界面

2）扩展本地存储

在实际教学中，如果 ESXi 主机存储器的存储容量过小，可以通过以下方式为 ESXi 主机增加本地数据存储。

（1）在 VMware Workstation 中关闭 ESXi 主机，单击"编辑设置"，为该 ESXi 主机添加容量为 100 GB 的硬盘，如图 2-58 所示。添加完成后启动 ESXi 主机。

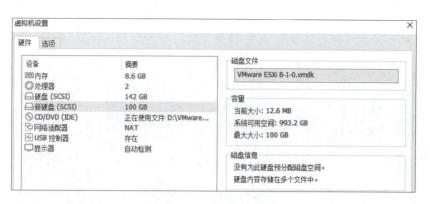

图 2-58 添加硬盘界面

(2) 登录 ESXi 主机,依次单击 ESXi 主机导航器中的"存储"→"新建数据存储",如图 2-59 所示。

图 2-59 新建数据存储界面

(3) 在"选择创建类型"界面中,选中"创建新的 VMFS 数据存储",单击"下一页"按钮,如图 2-60 所示。

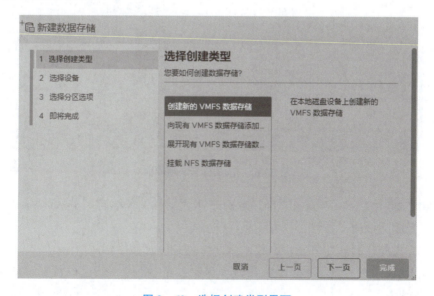

图 2-60 选择创建类型界面

(4) 在"选择设备"界面中,选中设备,输入设备名称,单击"下一页"按钮,如图 2-61 所示。

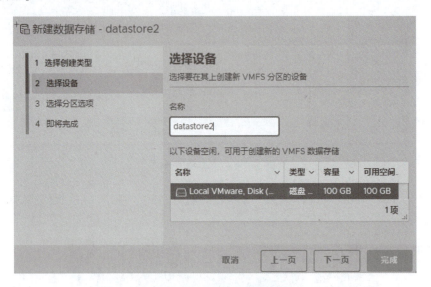

图 2-61 选择设备界面

(5) 在"选择分区选项"界面中,选择创建新的数据存储的大小,单击"下一页"按钮,如图 2-62 所示。

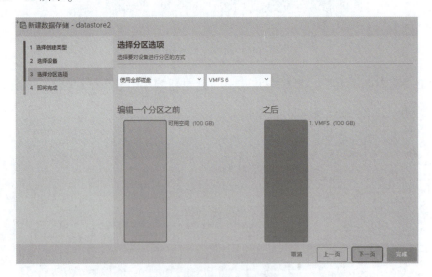

图 2-62 选择分区选项界面

(6) 在"即将完成"界面中,可以看到新建数据存储的名称、分区、VMFS 版本等信息,单击"完成"按钮,如图 2-63 所示。

(7) 在弹出的"警告"界面中,单击"是"按钮,如图 2-64 所示。

(8) 在 ESXi 主机导航器中,可以看到"存储"个数为 2,新建的数据存储添加成功,如图 2-65 所示。

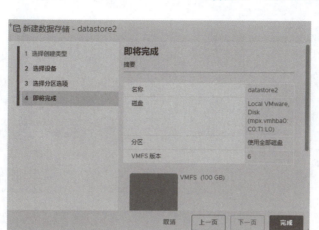

图 2-63 新建数据存储即将完成界面

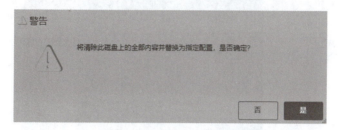

图 2-64 新建数据存储-警告界面

图 2-65 新建数据存储添加成功界面

3. 使用 VMware Host Client 设置 ESXi 主机的维护模式

（1）在 VMware ESXi 主机上单击右键，在出现的快捷菜单上选择"进入维护模式"，如图 2-66 所示。

（2）在"确认维护模式更改"界面中，单击"是"按钮，如图 2-67 所示。

（3）右击 VMware ESXi 主机名称或者 IP 地址，在出现的快捷菜单中选择"退出维护模式"，如图 2-68 所示。

图 2-66 设置 VMware ESXi 维护模式界面

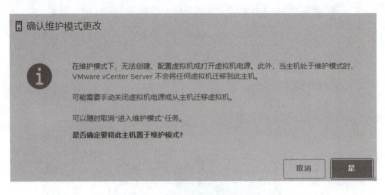

图2-67 "确认维护模式更改"界面

图2-68 退出维护模式

4. 在ESXi主机中创建虚拟机，安装操作系统

1）在ESXi主机中创建虚拟机

（1）单击ESXi主机导航器中的虚拟机，单击"创建/注册虚拟机"，如图2-69所示。

图2-69 新建虚拟机向导界面

（2）在"选择创建类型"界面中，有三种创建新虚拟机的方式：创建新虚拟机、从 OVF 或 OVA 文件部署虚拟机、注册现有的虚拟机，如图 2-70 所示，选择创建新虚拟机后，单击"下一页"按钮。

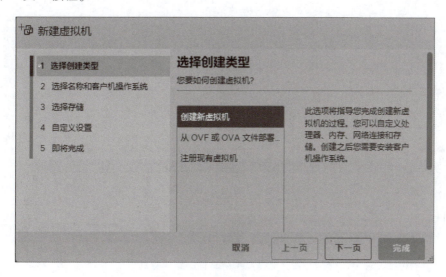

图 2-70　虚拟机配置界面

（3）在 VMware ESXi 与 vCenter Server 中，每个虚拟机的名称最多可以包含 80 个英文字符，并且每个虚拟机的名称在 vCenter Server 虚拟机文件夹中必须是唯一的。在使用 vSphere Client 直接连接到 VMware ESXi 主机时无法查看文件夹，如果要查看虚拟机文件夹和指定虚拟机的位置，需使用 VMware vSphere 连接到 vCenter Server，并通过 vCenter Server 管理 ESXi。通常来说，创建的虚拟机的名称与在虚拟机中运行的操作系统或者应用程序有一定的关系，在本例中创建的虚拟机名称为 win2008，表示这是创建一个 Windows 2008 的虚拟机，并在虚拟机中安装 Windows 2008 的操作系统，如图 2-71 所示。在该页中，还需选择安装的操作系统类型（Windows、MacOS、Linux、其他）及版本号。

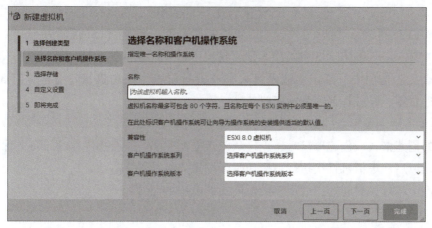

图 2-71　新的虚拟机名称和位置界面

(4) 在"选择存储"界面中,选择要存储虚拟机文件的数据存储,当前只有一个存储,如图 2-72 所示。在该列表中,显示了当前存储的容量、已经使用的空间、可用的空间、存储的文件格式。

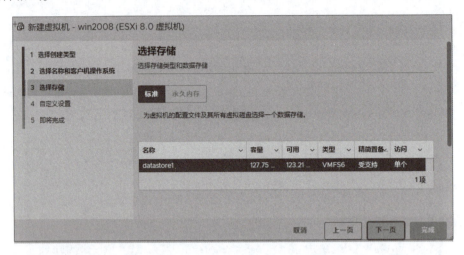

图 2-72　选择虚拟机文件的目标存储界面

(5) 在"自定义设置"界面中,包括虚拟硬件和虚拟机选项两部分,如图 2-73 和图 2-74 所示。

在虚拟硬件部分,为新建的虚拟机设置 CPU、内存等。在"CPU"选项中,选择虚拟机中虚拟 CPU 的数量。可添加到虚拟机的虚拟 CPU 的数量取决于主机上 CPU 的数量和客户机操作系统支持的 CPU 的数量。在为虚拟机选择内核数时,不能超过 VMware ESXi 所在主机的 CPU 内核总数。例如,当在一个具有 2 个 4 核心的 CPU 主机上创建虚拟机时,每个虚拟插槽的内核数不会超过 4 个。在"内存"界面中配置虚拟机内存的大小。

在"网络适配器"选项中,为虚拟机创建网络连接。在 VMware ESXi 中的虚拟机,最多支持 4 个网卡。在 VMware ESXi 8 中,虚拟网卡支持 Intel E1000e、E1000、SR-IOV 直通和 VMXNET 3 型网卡。当 VMware ESXi 主机有多个网络时,可以在"网络"列表中选择。

在"SCSI 控制器"选项中,选择 SCSI 控制器类型,包括"LSI 逻辑并行""LSI Logic SAS"和"VMware 准虚拟"3 种类型,通常情况下,选择默认值"LSI Logic SAS"。

在"硬盘"选项中,指定虚拟磁盘大小及置备策略。在磁盘置备方面,有 3 种类型:厚置备延迟置零、厚置备置零和精简置备。

- 厚置备延迟置零

默认的创建格式。创建磁盘时,直接从磁盘分配空间,不会擦除物理设备上保留的任何数据。但是以后从虚拟机首次执行写操作时会按需要将其置零。

磁盘性能较好,时间短,适用于做池模式的虚拟桌面。

- 厚置备置零

创建支持集群功能的磁盘。创建磁盘时,直接为虚拟磁盘分配空间,并对磁盘保留数据置零。磁盘性能最好,时间长,适用于运行繁重应用业务的虚拟机。

● 精简置备（Thin Provision）

创建磁盘时，占用磁盘的空间大小根据实际所需的存储空间计算，即用多少分多少，不提前分配存储空间，对磁盘保留数据不置零，并且最大不超过磁盘的限额。时间短，适用于对磁盘 I/O 不频繁的业务应用虚拟机。

在图 2-73 中，在"CD/DVD 驱动器"中单击"浏览"按钮，在弹出的"数据浏览存储器"界面选择要安装的 2008 操作系统的 ISO 镜像，单击"选择"按钮，单击"下一页"按钮，如图 2-74 所示。

图 2-73 自定义设置 - 虚拟硬件界面

注：在选择好操作系统的镜像文件后，"CD/DVD 驱动器"后的"连接"复选项需选中。

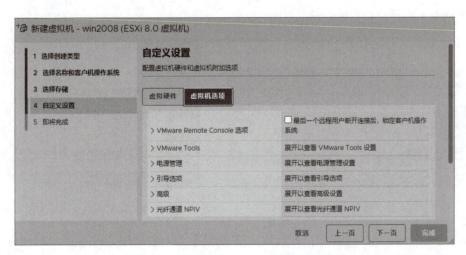

图 2-74 自定义设置 - 虚拟机选项界面

(6) 在"即将完成"界面中，查看当前新建虚拟机的设置，主要包括新建虚拟机的名称、主机/集群、数据存储、客户机操作系统名称、vCPU、内存、网卡类型、磁盘容量等信息。单击"完成"按钮，完成新虚拟机的创建，如图 2-75 所示。创建完成的新虚拟机如图 2-76 所示。

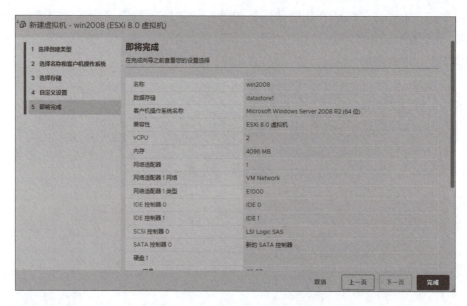

图 2-75　安装已完成界面

2）在 ESXi 主机中安装 Windows 操作系统

（1）在图 2-76 中，启动 Win2008 开始安装操作系统，安装过程与在 VMware Workstation 中安装操作系统过程一样，这里不再赘述。

（2）操作系统安装成功后，需要安装 VMware Tools。启动虚拟机，单击虚拟机右侧菜单栏的"操作"图标，在出现的快捷菜单中，选择"客户机操作系统"→"安装 VMware Tools"，开始进行安装，安装过程只需按照提示进行即可，这里不再赘述，如图 2-77 所示。

图 2-76　新建虚拟机创建完成界面　　　　图 2-77　VMware Tools 安装界面

在安装 VMware Tools 过程中，若出现"安装程序无法自动安装内存控制驱动程序。必须手动安装此驱动程序。"的错误提示时（图 2-78），从 Microsoft Update Catalog 下载 KB4474419 和 KB4490628 两个补丁，然后安装到 Windows 2008 虚拟机中。

在实际教学中,将 ESXi 安装在 VMware Workstation 中,可以通过在虚拟机中创建共享文件夹的形式,将下载的补丁程序复制到虚拟机中进行安装。

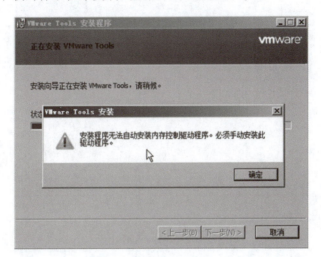

图 2-78　VMware Tools 安装程序无法自动安装界面

注:在设置共享文件夹时,关闭虚拟机的防火墙,设置虚拟机的 IP 地址,在"选择要与其共享的用户"界面中选择"Everyone",如图 2-79 所示。

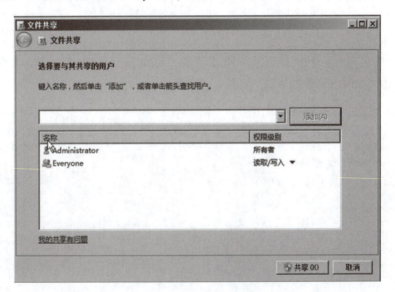

图 2-79　文件共享设置界面

另一种方式是通过 U 盘的形式将文档或者文件夹复制到 ESXi 主机的虚拟机中。具体操作过程如下:

(1) 开启 ESXi 主机,插入 U 盘,在弹出的"检测到新的 USB 设备"界面中,勾选"连接到虚拟机",在虚拟机名称列表中选择连接 U 盘的 ESXi 主机,选择完成后,单击"确定"按钮,如图 2-80 所示。

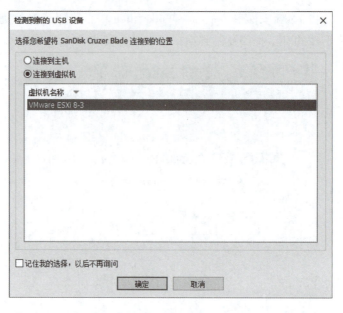

图 2-80　将 USB 设备从客户端计算机添加到虚拟机 1 界面

（2）通过 VMware Host Client 登录 ESXi 主机，右击需要增加 USB 设备的虚拟机，在快捷菜单中选择"编辑设置"。在弹出的"编辑设置"界面中，依次单击"虚拟硬件"→"添加其他设备"，在弹出的快捷菜单中单击"USB 设备"，如图 2-81 所示，USB 设备添加成功，如图 2-82 所示。

（3）开启虚拟机，打开虚拟机的资源管理器，可以看到该虚拟机已经识别出添加的 U 盘，可以复制所学的文件或文件夹，如图 2-83 所示。

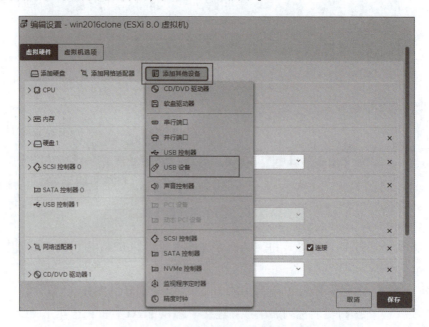

图 2-81　将 USB 设备从客户端计算机添加到虚拟机 2 界面

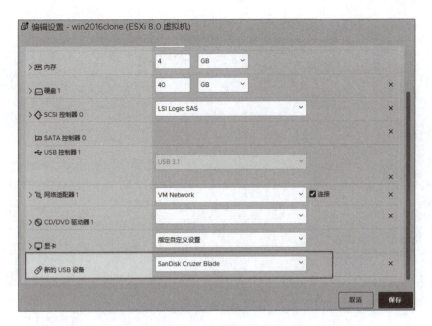

图 2-82　将 USB 设备从客户端计算机添加到虚拟机 3 界面

图 2-83　将 USB 设备从客户端计算机添加到虚拟机 4 界面

3) 在 ESXi 主机中安装 Linux 操作系统

(1) Linux 虚拟机的创建过程与 Windows 虚拟机的创建过程一样，仅仅在"选择客户机操作系统"过程中，所选的客户机操作系统为 Linux，如图 2-84 所示。

(2) Linux 虚拟机创建完成后，需要安装操作系统。与安装 Windows 操作系统一样，首先将镜像文件上传到"数据存储"，右击 Linux 虚拟机，在快捷菜单中选择"编辑设置"，在弹出的"编辑设置"界面中的"CD/DVD 驱动器"选项中选择"数据存储 ISO 映像"，选中 Linux 的镜像文件后，勾选"已连接"，单击"保存"按钮后，开启 Linux 虚拟机，如图 2-82 所示。在本任务中，Linux 操作系统选择的是 CentOS 7（64 位）。在图 2-85 中，用光标选中"Install CentOS 7"后，按 Enter 键，开始安装 Linux 操作系统。

(3) 在"WELCOME TO CENTOS 7"界面中，选中安装 Linux 操作系统过程中需要的语言，这里选择"English"，单击"Continue"按钮继续安装，如图 2-86 所示。

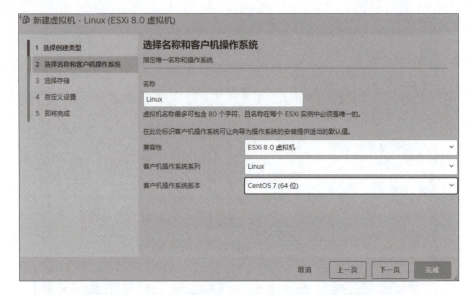

图 2-84　Linux 虚拟机选择名称和客户机操作系统界面 1

图 2-85　Linux 虚拟机选择名称和
客户机操作系统界面 2

图 2-86　Linux 虚拟机选择名称和
客户机操作系统界面 3

（4）在"INSTALLATION SUMMARY"界面中，为 Linux 操作系统设置"DATA&TIME""LANGUAGE SUPPORT""INSTALLATION DESTINATION"等，设置完成后，单击"Begin Installation"按钮继续安装，如图 2-87 所示。

（5）在"CONFIGURATION"界面中完成用户设置。在未完成用户设置之前，"Finish configuration"为灰色，如图 2-88 所示。单击"ROOT PASSWORD"，为 Root 用户设置密码，并确认密码，如图 2-89 所示；单击"User Creation"按钮，创建新用户，并为该用户设置密码，如图 2-90 所示。用户设置完成后，Linux 操作系统继续配置，直到进度条显示"Complete"后，完成配置，单击"Finish Configuration"后，弹出"Reboot"按钮后，单击"Reboot"按钮重新启动 Linux 操作系统，完成安装，如图 2-91 所示。

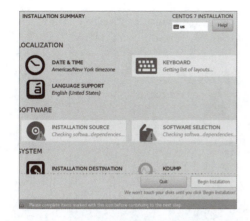
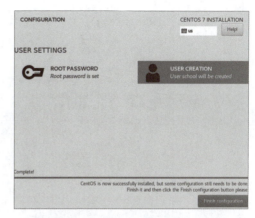

图 2–87　"INSTALLATION SUMMARY" 界面　　图 2–88　"CONFIGURATION" 界面

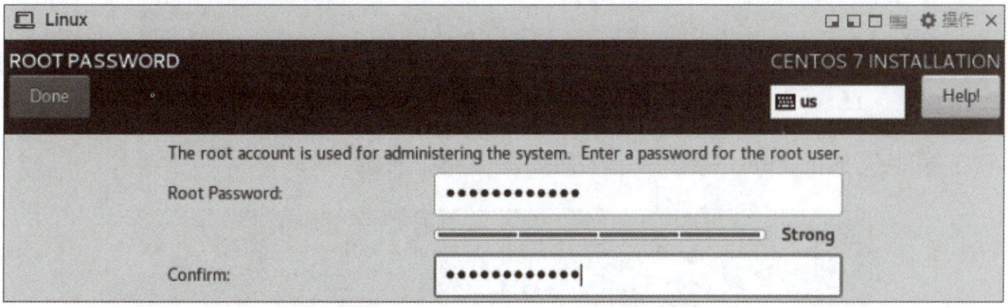

图 2–89　Root 用户设置密码界面

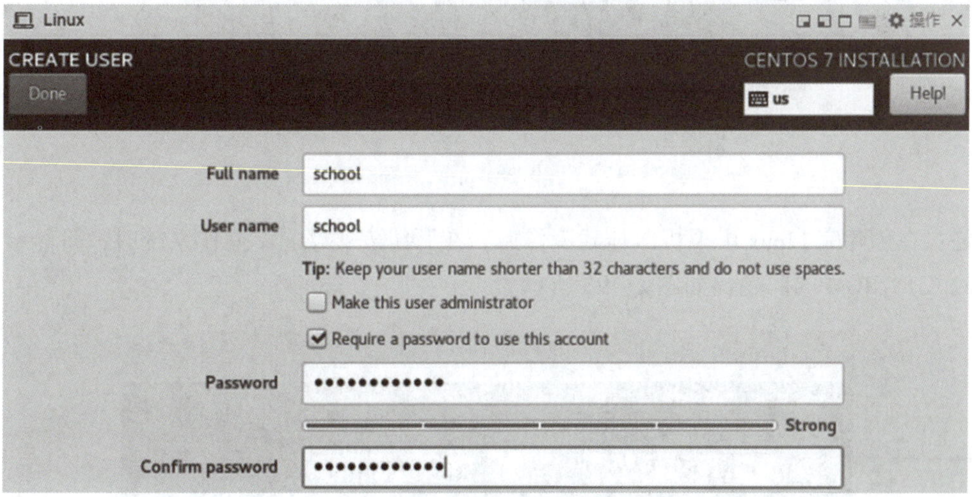

图 2–90　创建用户界面

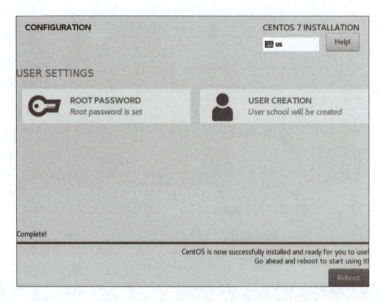

图 2 – 91　Linux 操作系统重启界面

（6）安装完成的 Linux 操作系统界面如图 2 – 92 所示。

图 2 – 92　Linux 操作系统安装完成界面

注：在创建完 Linux 虚拟机，挂载镜像后，在开机安装 Linux 操作系统时，可能会出现找不到 CD – ROM 的问题，如图 2 – 93 所示。

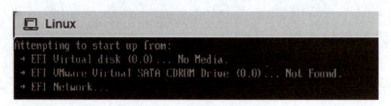

图 2 – 93　找不到 CD – ROM

解决方法如下：

关闭 Linux 虚拟机，右击 Linux 虚拟机，在快捷菜单中选择"编辑设置"，在弹出的"编辑设置"界面中选择"虚拟机选项"，单击"引导选项"前的向下箭头，取消勾选"是否为此虚拟机启用 UEFI 安全引导"（图 2-94），单击"保存"按钮后，开启 Linux 虚拟机，需要在开机的 5 秒内按 Enter 键，才能进入 ISO 引导。

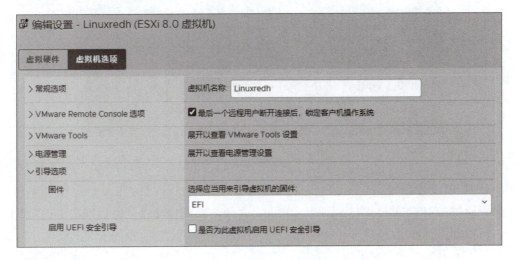

图 2-94　引导选项设置界面

5. 快照管理

在安装完操作系统后，对操作系统进行快照操作，具体的操作步骤如下：

（1）选中要建立快照的虚拟机，在本例中选中 192.168.220.130 的 ESXi 主机中的 Windows 2008 虚拟机，单击该虚拟机右侧菜单栏的"操作"图标，在出现的快捷菜单中依次单击"快照"→"生成快照"，如图 2-95 所示。

（2）在"生成 Windows 2008 快照"界面中，输入建立的快照名称，并对该快照进行描述，如图 2-96 所示。

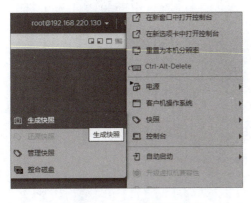 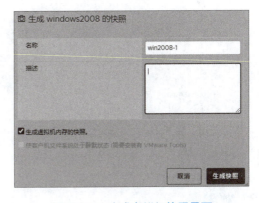

图 2-95　生成快照操作界面　　　　　图 2-96　生成虚拟机快照界面

（3）在图 2-95 中，单击"管理快照"，显示全部已创建的快照，也可删除快照，如图 2-97 所示。

图 2-97　快照管理器界面

6. OVF 模板导出

可以通过 OVF 文件格式在不同产品和平台之间交换虚拟设备。通过导出 OVF 或 OVA 模板，可以创建其他用户可导入的虚拟设备。可以使用导出功能将预先安装的软件作为虚拟设备分发，或者向用户分发模板虚拟机。下面介绍在 ESXi 主机中如何导出 OVF 模板。

关闭虚拟机，右击虚拟机，在出现的快捷菜单中单击"导出"，将弹出"下载文件"界面，如图 2-98 所示，选中"windows2008-1.vmdk"和"windows2008.nvram"后，单击"导出"按钮，开始下载文件。

图 2-98　下载 ovf 文件界面

【任务总结】

VMware ESXi 是 vSphere 的核心组件之一，将处理器、内存、存储器和资源虚拟化为多个虚拟机。通过 ESXi 可以运行虚拟机/安装操作系统、运行应用程序以及配置虚拟机。VMware ESXi 的体系架构中包含虚拟化层和虚拟机。在任务中介绍了 ESXi 8.0 的硬件安装要求和安装方式，完成了 VMware ESXi 的安装、控制台的配置以及使用 VMware Host Client 管理 VMware ESXi。

项目二 VMware ESXi 的部署实施

【任务评价】

序号	主要内容	考核要求	评分标准	配分	扣分	得分
1	方案设计	（1）画出拓扑图 （2）制作 IP 地址规划表	（1）拓扑图正确，美观	5分		
			（2）IP 地址正确，均为静态 IP 地址	5分		
2	任务实施	（1）安装三台 ESXi 主机； （2）在 ESXi 主机中创建 Windows 2016 虚拟机； （3）配置三台 ESXi 主机和 Windows 2016 虚拟机的 IP 地址	（1）ESXi 主机正确安装	15分		
			（2）能够通过 VMware Host Client 访问 ESXi 主机	9分		
			（3）三台 ESXi 主机与虚拟机的 IP 地址及 IP 地址规划表一致	6分		
			（4）在 ESXi 主机中能正确创建 Windows 2016 虚拟机，并能正常开启，安装 VMware Tools	20分		
3	职业素养	（1）遵守学校纪律，保持实训室整洁干净； （2）文档排版规范； （3）小组独立完成任务	（1）不迟到，遵守实训室规章制度，维护实训室设备	6分		
			（2）能够正确使用截图工具截图，每张图有说明、有图标	6分		
			（3）任务书中页面设置、正文标题、正文格式规范	6分		
			（4）积极解决任务实施过程中遇到的问题	6分		
			（5）同学之间能够积极沟通	6分		
			（6）小组独立完成任务，杜绝抄袭	10分		
备注			合计	100		

小组成员签名	
教师签名	
日期	

项目三

VMware vCenter Server 的部署实施

【项目介绍】

VMware vCenter Server 是 VMware vSphere 的两个核心组件之一。vCenter Server 是一种服务，充当连接到网络的 ESXi 主机的中心管理员，可用于将多个主机的资源加入资源池中并管理这些资源，降低了管理成本，提高了资源利用率。在本项目中主要学习 vCenter Server 8.0 的部署安装以及使用 vCenter Server 管理虚拟机的方法。

【项目目标】

一、知识目标

（1）理解 vCenter Server 的作用与主要功能。
（2）理解 vCenter Server 安装要求。
（3）理解模板的定义与作用。

二、能力目标

（1）学会 vCenter Server 的安装。
（2）学会使用 vCenter Server 管理虚拟机。

三、素质目标

通过 vCenter 安装过程中密码的设置，培养学生树立安全意识。

【项目内容】

任务一 vCenter Server 8.0 的安装

【任务介绍】

本任务主要介绍 vCenter Server 8.0 的安装环境以及采用 vCenter Server Appliance GUI 方式在 ESXi 部署 vCenter Server Application 的方法。

项目三 VMware vCenter Server 的部署实施

【任务目标】

（1）理解 vCenter Server 的作用与主要功能。

（2）理解 vCenter Server 8.0 安装要求。

（3）理解安装 vCenter Server 8.0 的方式。

（4）学会 vCenter Server 8.0 的安装。

【相关知识】

3.1 vCenter Server 概述

vCenter Server 为虚拟机和主机的管理、操作、资源置备和性能评估提供了一个集中式平台。

部署 vCenter Server Appliance 时，将在同一系统上部署 vCenter Server、vCenter Server 组件和身份验证服务。

在 vCenter Server Appliance 部署中包含身份验证服务和 vCenter Server 服务。其中，身份验证服务包含 vCenter Single Sign-On、License Service、Lookup Service 和 VMware Certificate Authority；vCenter Server 服务组包含 vCenter Server、vSphere Client、vSphere Auto Deploy 和 vSphere ESXi Dump Collector。vCenter Server Appliance 还包含 VMware vSphere Lifecycle Manager 扩展服务和 VMware vCenter Lifecycle Manager。

微课：虚拟中枢——vCenter Server

授课视频：VMware vCenter Server 概述

【任务实施】

3.2 vCenter Server 8.0 安装

1. vCenter Server 8.0 安装环境

vCenter Server 8.0 对硬件及操作系统提出了新的要求，下面对部署 vCenter Server 8.0 的硬件条件、存储要求以及软件要求进行了介绍。vCenter Server 的所需端口和 vCenter Server Appliance 的 DNS 要求参考 vSphere 文档。

操作视频：vCenter Server 8.0 安装-1

操作视频：vCenter Server 8.0 安装-2

授课视频：VMware vCenter Server 安装要求与安装

1）vCenter Server 设备的硬件要求（表 3-1）

表 3-1 不同 vCenter Server 环境需要的 vCPU 数目和内存情况

部署类型	vCPU 数目	内存/GB
微型环境（最多 10 个主机或 100 个虚拟机）	2	14

续表

部署类型	vCPU 数目	内存/GB
小型环境（最多100个主机或1 000个虚拟机）	4	21
中型环境（最多400个主机或4 000个虚拟机）	8	30
大型环境（最多1 000个主机或10 000个虚拟机）	16	39
超大型环境（最多2 000个主机或35 000个虚拟机）	24	58

2）vCenter Server 设备的存储要求（表 3-2）

表 3-2 不同 vCenter Server 环境需要的存储情况

部署类型	默认存储大小/GB	大型存储大小/GB	超大型存储大小/GB
微型环境（最多10个主机或100个虚拟机）	579	2 019	4 279
小型环境（最多100个主机或1 000个虚拟机）	694	2 044	4 304
中型环境（最多400个主机或4 000个虚拟机）	908	2 208	4 468
大型环境（最多1 000个主机或10 000个虚拟机）	1 358	2 258	4 518
超大型环境（最多2 000个主机或35 000个虚拟机）	2 283	2 383	4 643

3）vCenter Server 安装程序的软件要求

vCenter Server Appliance 可以部署在 ESXi 6.7 主机或更高版本的主机上，也可以部署在 6.7 或更高版本的 vCenter Server 实例上。可以从受支持版本的 Windows、Linux 或 Mac 操作系统上的客户机运行 vCenter Server GUI 或 CLI 安装程序。

vCenter Server GUI 和 CLI 安装程序支持的操作系统版本见表 3-3。

表 3-3 GUI 和 CLI 安装程序的系统要求

操作系统	受支持的版本	确保最佳性能的最低硬件配置
Windows	Windows 10、11 Windows 2016 x64 位 Windows 2019 x64 位 Windows 2022 x64 位	4 GB RAM、2个2.3 GHz 四核 CPU、32 GB 硬盘、1个网卡
Linux	SUSE 15 Ubuntu 18.04、20.04、21.10	4 GB RAM、1个2.3 GHz 双核 CPU、16 GB 硬盘、1个网卡 注：CLI 安装程序要求64位操作系统。
Mac	macOS 10.15、11、12 macOS Catalina、Big Sur 和 Monterey	8 GB RAM、1个2.4 GHz 四核 CPU、150 GB 硬盘、1个网卡

2. vCenter Server 8.0 安装

在安装 vCenter Server 8.0 之前，需要提前部署 ESXi 主机，下载 vCenter Server 安装程序 ISO 镜像文件。

项目三 VMware vCenter Server 的部署实施

vCenter Server 安装程序包含用于 GUI 和 CLI 部署的可执行文件。

GUI 部署过程分为两个阶段。第一阶段是部署向导，该向导将在目标 ESXi 主机或 vCenter Server 实例上部署该设备的 OVA 文件。OVA 部署完成后，继续执行该过程的第二阶段，以设置并启动新部署设备的服务。

CLI 部署方法涉及针对先前准备的 JSON 文件运行 CLI 命令。CLI 安装程序将解析 JSON 文件中的配置参数及其值，并生成 OVF Tool 命令以自动部署和设置该设备。CLI 部署自动依次运行第 1 阶段和第 2 阶段，无须用户交互。

vCenter Server 安装程序 ISO 镜像文件需要挂载到要通过其执行部署的虚拟机或物理服务器。

在本任务中，使用的是在 VMware 官方网站下载的 VMware – VCSA – all – 8.0.1 – 21860503 ISO 镜像文件，部署 vCenter Server 的目标 ESXi 主机内存为 16 GB，硬盘为 142 GB，CPU4 核，采用 vCenter Server Appliance GUI 方式部署。具体部署方法如下：

（1）开启 ESXi 主机（IP 地址为 192.168.220.130），在 Web 浏览器中，输入 https://192.168.220.130，登录到 ESXi，开启安装在 ESXi 里的 Windows 虚拟机，单击菜单栏中的"操作"，在下拉菜单中选择"编辑设置"，在 Windows 虚拟机中挂载 VCSA8.0 镜像文件（安装程序）。

（2）打开文件管理器，找到挂载好的 VCSA 8.0 镜像，双击进入 DVD 目录。

（3）选择 vcsa – ui – installer 文件夹，该文件夹下存放着 GUI 方式安装 VCSA 的执行程序。

（4）根据安装程序运行的操作系统选择相应的安装格式。在这里宿主机是 Windows 系统，因此打开 win32 目录，双击"install.exe"后弹出 vCenter Server 8.0 安装程序界面（图 3 – 1），单击"安装"后开始安装 vCenter Server。在图 3 – 1 的右上角可以选择安装时使用的语言，默认使用英语。

```
lin64:Linux 安装目录。
mac:macOS 安装目录。
win32:Windows 安装目录。
```

图 3 – 1　vCenter Server 安装程序界面

(5) 在"vCenter Server 安装程序 – 简介"界面中提示 vCenter Server 8.0 的安装分为两个阶段:第一阶段是将新 vCenter Server 部署到目标 ESXi 主机或目标 vCenter Server 中的计算资源;第二阶段是完成已部署 vCenter Server 设置。单击"下一步"按钮继续执行第一阶段工作,如图 3 – 2 所示。

图 3 – 2 "vCenter Server 安装程序 – 简介"界面

(6) 在"最终用户许可协议"界面中,选择"我接受许可协议条款",单击"下一步"按钮,如图 3 – 3 所示。

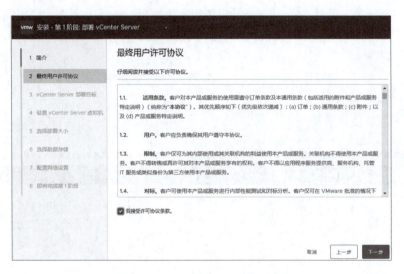

图 3 – 3 最终用户许可协议界面

(7) "vCenter Server 部署目标"中指定将 vCenter Server 安装在哪台 ESXi 主机中,输入 ESXi 主机名或者 vCenter Server 名称、用户名以及密码。本任务中,输入 192.168.220.130、用户名 root 及 ESXi 的密码,单击"下一步"按钮,如图 3 – 4 所示。

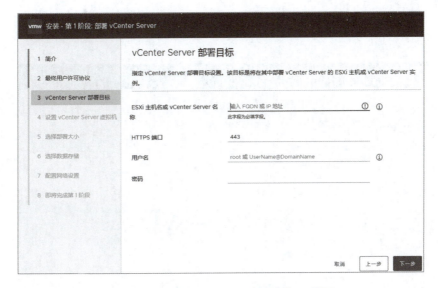

图 3-4 "vCenter Server 部署目标"界面

(8) 当安装程序与 ESXi 主机正常通信后,为了安全起见,会向用户核实目标 ESXi 主机的 SHA1 指纹。确认无误后,单击"是"按钮,如图 3-5 所示。

(9) 在"设置 vCenter Server 虚拟机"的界面中设置 vCenter Server 虚拟机的名称和密码,单击"下一步"按钮继续安装,如图 3-6 所示。

图 3-5 "证书警告"界面

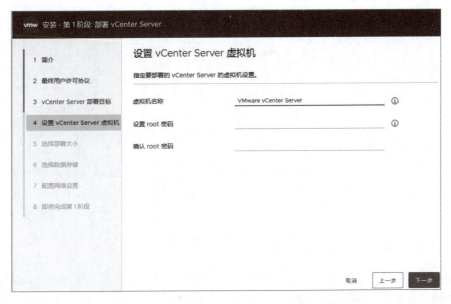

图 3-6 "设置 vCenter Server 虚拟机"界面

(10)在"选择部署大小"界面中,部署大小选择默认即可,单击"下一步"按钮继续安装,如图3-7所示。

图3-7 "选择部署大小"界面

(11)在"选择数据存储"界面中,为安装的vCenter Server选择存储位置,这里的数据存储也是ESXi连接的数据存储,选择合适的数据存储后,勾选"启用精简磁盘模式",单击"下一步"按钮继续安装,如图3-8所示。

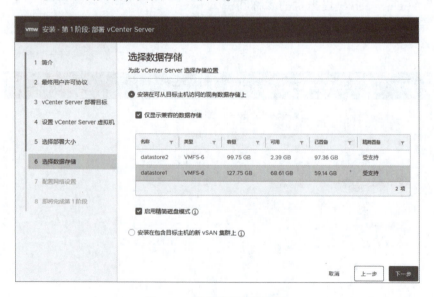

图3-8 选择数据存储界面

(12)在"配置网络设置"界面中,"网络""IP版本""IP分配"分别选择"VMNetwork""IPv4""静态"。若部署了DNS服务器且为VMware vCenter Server配置了与其主机名对应的A记录和反向解析记录,DNS服务器能正常访问到,则可在"FQDN"栏中填写 VMware vCenter Server 的完全限定域名,在"DNS 服务器"栏中填写 DNS 服务器的 IP 地址。如果没有部署 DNS 服务器,在"FQDN"和"DNS 服务器"栏中都填写 VMware vCenter Server 设置的 IP 地址。在本任务中未部署 DNS 服务器,因此,"FQDN"和"DNS 服务器"栏中均填写 VMware vCenter Server 设置的 IP 地址 192.168.220.132,"常见端口"列出的所有选项保持默认值,单击"下一步"按钮,如图 3-9 所示。

图 3-9　配置网络设置界面

(13) 在"即将完成第 1 阶段"界面中,核对界面上的信息,核对无误后,单击"完成"按钮,开始第 1 阶段的部署,如图 3-10 所示。

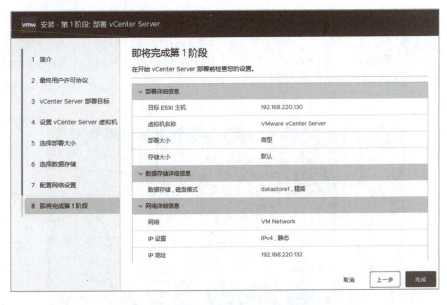

图 3-10　即将完成第 1 阶段部署界面

(14) 开始 vCenter Server 8.0 第一阶段的部署，如图 3-11 所示。第一阶段开始部署后，登录 VMware ESXi，可以看到已经创建了一台 vCenter Server 虚拟机，如图 3-12 所示。

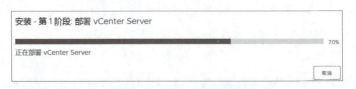

图 3-11　部署 vCenter Server 界面

图 3-12　已创建的 VMware vCenter Server 虚拟机界面

(15) vCenter Server 第 1 阶段安装完成，如图 3-13 所示。此时，不要单击"继续"按钮，暂停安装，保持安装程序停留在图 3-13 所示界面。

图 3-13　vCenter Server 第 1 阶段部署完成界面

(16) 登录到安装 vCenter Server 的 ESXi 主机中，导航到 VMware vCenter Server 虚拟机界面，如图 3-14 所示。单击图中黑色窗体，打开 VMware vCenter Server 虚拟机 Web 控制台界面，如图 3-15 所示。

图 3-14　vCenter Server 虚拟机界面

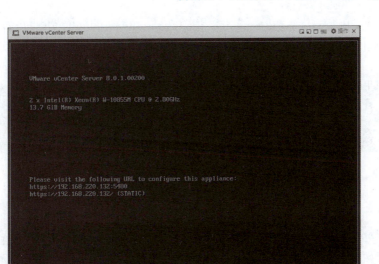

图 3-15　vCenter Server 虚拟机 Web 控制台界面

(17) 在图 3-15 中，按 F2 键，弹出"Authentication Required"界面（图 3-16），输入用户名为 root，密码是登录 ESXi 的密码，按 Enter 键，弹出"System Customization"界面，如图 3-17 所示，将光标移动到"Troubleshooting Mode Options"选项，按 Enter 键。

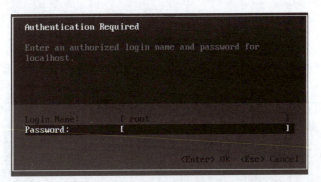

图 3-16　Authentication Required 界面

图 3-17　System Customization 界面

(18) 在弹出的"Troubleshooting Mode Options"界面，如图 3-18 所示，将光标移动至"Enable SSH"选项，图中右侧信息栏显示"SSH is Disabled"，这表示当前 vCenter Server 的

SSH 功能处于关闭状态，按 Enter 键，开启 vCenter Server 的 SSH 功能，右侧信息栏显示"SSH is Enabled"，如图 3-19 所示。

图 3-18　Troubleshooting Mode Options 界面

图 3-19　开启 vCenter Server 的 SSH 功能界面

（19）使用 PuTTY 远程访问工具，以 root 用户身份远程访问 VMware vCenter Server（IP 地址：192.168.220.132）。登录后输入"shell"命令，按 Enter 键，再输入"vi /etc/hosts"命令，编辑 hosts 文件，如图 3-20 所示。在图 3-20 中，首先输入"i"编辑 hosts 文件，在 hosts 文件中加入配置"192.168.220.132 localhost"（图 3-21），完成后按 Esc 键，输入":wq"保存 hosts 文件。

图 3-20　远程访问 vCenter Server

图 3-21　修改 hosts 文件

（20）开始执行 vCenter Server 第 2 阶段的部署。单击图 3 – 13 中的"继续"按钮，在弹出的"设置 vCenter Server – 简介"界面中，单击"下一步"按钮，如图 3 – 22 所示。

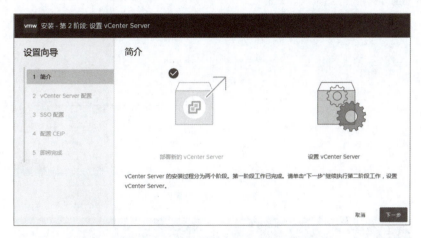

图 3 – 22　设置 vCenter Server – 简介界面

（21）在"vCenter Server 配置"界面中，设置"时间同步模式"和"SSH 访问"，设置完成后，单击"下一步"按钮，如图 3 – 23 所示。

图 3 – 23　"vCenter Server 配置"界面

（22）在"SSO 配置"界面中，选择"创建新 SSO 域"，在"Single Sign – On 域名"栏输入 vsphere. local，在"Single Sign – On 密码"栏输入密码并再次输入该密码进行确认，该密码是登录 vCenter Server 平台的密码，设置完成后，单击"下一步"按钮，如图 3 – 24 所示。

密码要求：长度至少为 8 个字符，但不能超过 20 个字符；至少包含 1 个大写字母；至少包含 1 个小写字母；至少包含 1 个数字；至少包含 1 个特殊字符，例如@、#、& 等。

（23）在"配置 CEIP"界面中，勾选"加入 VMware 客户体验提升计划（CEIP）"，单击"下一步"按钮，如图 3 – 25 所示。

图 3－24　"SSO 配置"界面

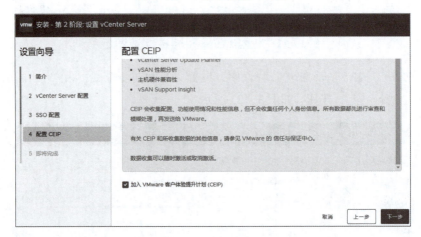

图 3－25　"配置 CEIP"界面

（24）在"即将完成"界面中，核对配置项是否与规划一致，核对无误后，单击"完成"按钮，如图 3－26 所示。

图 3－26　"即将完成"界面

(25)在"警告"界面提示安装操作一旦开始便无法暂停或停止,直至安装完成,如图 3-27 所示,单击"确定"按钮将开始 vCenter Server 第 2 阶段安装,如图 3-28 所示。

图 3-27 "警告"界面

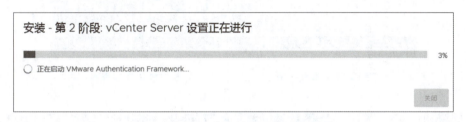

图 3-28 vCenter Server 设置部署界面

(26)vCenter Server 第 2 阶段部署完成后,将弹出"安装-第 2 阶段:完成"界面,由界面信息可知,通过在浏览器中访问 https://192.168.220.132:443 可以对 vCenter Server 设备进行管理,单击"关闭"按钮,结束 vCenter Server 的安装部署,如图 3-29 所示。

图 3-29 vCenter Server 安装界面

(27)在浏览器中输入 vCenter Server 的 IP 地址 https://192.168.220.132:443,会弹出如图 3-30 所示的界面。单击"启动 VSPHERE CLIENT",弹出输入 vCenter 的用户名和密码界面,在该界面中输入用户名 administrator@vsphere.local,密码是在安装过程中设置的密码。输入完成后,单击"登录"按钮,如图 3-31 所示,将弹出 vCenter Server 的 vSphere Client 管理界

图 3-30 登录 vCenter Server 界面

面,如图 3-32 所示。

vSphere Client 是一个跨平台应用程序,只能连接到 vCenter Server,使用 vSphere Client 通过 Web 浏览器访问 vCenter Server。

图 3-31 输入登录 vCenter Server 的用户名和密码界面

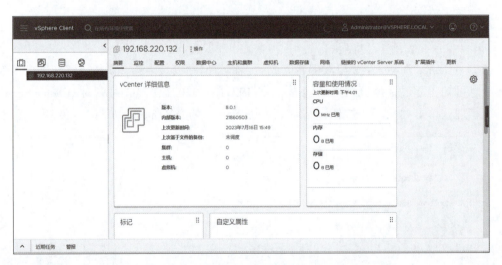

图 3-32 使用 vSphere Client 登录 vCenter Server 界面

【任务总结】

本任务详细介绍了 vCenter Server 8.0 硬件安装环境、存储安装环境、软件安装环境以及采用 vCenter Server Appliance GUI 方式在 ESXi 部署 vCenter Server Application 的方法。

【任务评价】

序号	主要内容	考核要求	评分标准	配分	扣分	得分
1	方案设计	项目规划设计	（1）网络规划设计符合任务要求	5分		
			（2）设备配置规划设计符合任务要求	5分		
2	任务实施	（1）搭建 vCenter Server 8.0 安装环境； （2）部署 vCenter Server 8.0	（1）vCenter Server 8.0 的软件、硬件安装环境配置正确	15分		
			（2）能够正确部署 vCenter Server 8.0	30分		
			（3）能够使用 vSphere Client 访问 vCenter Server	5分		
3	职业素养	（1）遵守学校纪律，保持实训室整洁干净； （2）文档排版规范； （3）小组独立完成任务	（1）不迟到，遵守实训室规章制度，维护实训室设备	6分		
			（2）能够正确使用截图工具截图，每张图有说明、有图标	6分		
			（3）任务书中页面设置、正文标题、正文格式规范	6分		
			（4）积极解决任务实施过程中遇到的问题	6分		
			（5）同学之间能够积极沟通	6分		
			（6）小组独立完成任务，杜绝抄袭	10分		
备注			合计	100		

小组成员签名	
教师签名	
日期	

任务二 使用 VMware vCenter Server 集中管理虚拟机

【任务介绍】

本任务主要是使用 VMware vCenter Server 集中管理虚拟机，包括创建数据中心，添加主机,克隆虚拟机以及使用模板部署虚拟机。

【任务目标】

(1) 学会创建数据中心,添加 ESXi 主机。

(2) 理解模板的定义与作用,学会制作和使用模板。

(3) 理解虚拟机快照的原理以及虚拟机快照文件的组织结构,学会制作虚拟机快照。

(4) 理解虚拟机克隆的原理,学会克隆虚拟机的方法。

【任务实施】

3.3 虚拟机管理

1. 创建数据中心

虚拟数据中心是一种容器,其中包含配齐用于操作虚拟机的完整功能环境所需的全部清单对象,可以创建多个数据中心以组织各组环境。下面介绍如何创建数据中心以及向数据中心添加 ESXi 主机。

授课视频:虚拟机管理

(1) 使用 vSphere Client 登录到 vCenter Server,在"主页"视图中选择"主机和集群"。

(2) 在 vCenter Server 的 IP 地址上右键单击,在出现的下拉菜单中选择"新建数据中心",如图 3-33 所示。

(3) 在"新建数据中心"界面中填写数据中心的名称,位置是默认,如图 3-34 所示,单击"确定"按钮,新建的数据中心会出现在导航栏里,如图 3-35 所示。如果要删除某一个数据中心,右击该数据中心的名称,在出现的下拉菜单中单击"删除"选项将会弹出"删除数据中心"界面。在该界面中会提示删除数据中心将会

图 3-33 新建数据中心界面

删除数据中心的所有警报、主机以及虚拟机,如图 3-36 所示,单击"是"按钮,数据中心将会从 vCenter 中删除。

操作视频:创建数据中心添加主机

图 3-34 "新建数据中心"界面

图 3–35　新建立的数据中心

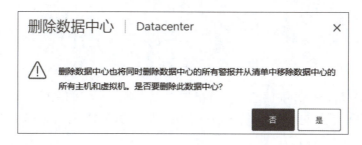

图 3–36　删除数据中心确认界面

2. 向数据中心添加主机

在创建数据中心（或集群）后，可以在数据中心对象、文件夹对象或集群对象下添加主机。如果主机包含虚拟机，则这些虚拟机将与主机一起添加到清单。

在 vCenter Server 中，可以创建多个"数据中心"，每个"数据中心"可以添加多个 VMware ESXi 或 VMware ESXi 服务器。在每台 VMware ESXi 服务器中，可以有多个虚拟机。使用 vCenter Client 可以管理多台 VMware ESXi 服务器，并且可以在不同 VMware ESXi 之间"迁移"虚拟机。

（1）使用 vShpere Client 登录到 vCenter Server，在"主机和集群"视图中，选中要承载主机的数据中心、集群或文件夹，右击，在下拉菜单中选择"添加主机"，弹出"添加主机"界面，如图 3–37 所示。在"主机名或 IP 地址"右侧的文本框中输入要添加的 VMware ESXi 主机的 IP 地址，单击"下一页"按钮，继续添加主机。

图 3–37　"名称和位置"界面

（2）在"连接位置"界面中填写要加入数据中心的 ESXi 主机的用户名和密码，单击"下一页"按钮，如图 3-38 所示。

图 3-38　"连接设置"界面

注：在输入主机连接详细信息后，若出现"无法访问指定的主机。此主机在网络上不可用、网络配置有问题或主机上的管理服务无响应"的提示界面，如图 3-39 所示，则需查看添加的 ESXi 主机是否启动。

图 3-39　连接设置提示界面

（3）在"安全警示"界面中，单击"是"按钮，继续添加主机，如图 3-40 所示。

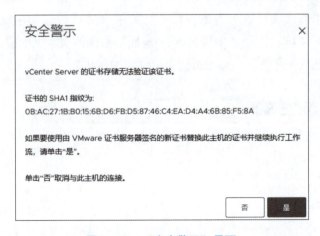

图 3-40　"安全警示"界面

(4) 在"主机摘要"界面中,显示了要添加的 VMware ESXi 主机信息,单击"下一页"按钮,如图 3-41 所示。

图 3-41　"主机摘要"界面

(5) 在"Host lifecycle"界面中,不勾选"Manage host with an image",如图 3-42 所示。

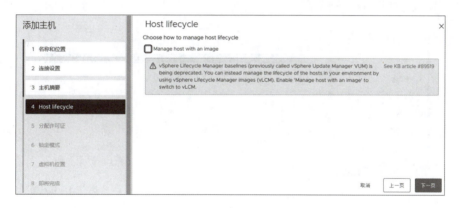

图 3-42　"Host lifecycle"界面

(6) 在"分配许可证"界面中,为新添加的 VMware ESXi 分配许可证,单击"下一页"按钮,如图 3-43 所示。

图 3-43　"分配许可证"界面

（7）在"锁定模式"界面中，选中是否为该主机启用锁定模式。在启用锁定模式后，可以防止远程用户直接登录到此主机。此主机仅可以通过本地控制台或授权的集中管理应用程序进行访问。一般情况下，"启用锁定模式"选择"禁用"，如图3－44所示。

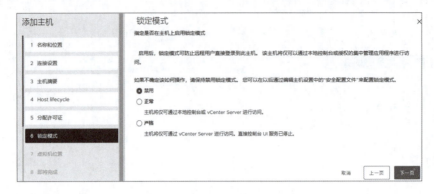

图3－44　"锁定模式"界面

（8）在"虚拟机位置"界面中，为新添加的 VMware ESXi 主机选择保存位置，单击"下一页"按钮，如图3－45所示。

图3－45　"虚拟机位置"界面

（9）在"即将完成"界面中，可以看到添加的主机的名称、位置、版本、许可证、网络、数据存储、锁定模式以及虚拟机位置的信息。单击"完成"按钮，如图3－46所示。

图3－46　"即将完成"界面

如果继续添加其他主机，可以右击数据中心名称，在弹出的快捷菜单中选择"添加主机"。然后参照步骤(1)~(8)，将其他 ESXi 主机添加到数据中心。图 3-47 所示为数据中心"Datacenter"添加了三台 ESXi 主机。

图 3-47 为数据中心添加三台 ESXi 主机界面

如果要删除数据中心的 ESXi 主机，可以右击该主机，在弹出的快捷菜单中选择"移除主机"，在弹出的"移除主机"界面中，单击"是"按钮，即可移除该主机，如图 3-48 所示。

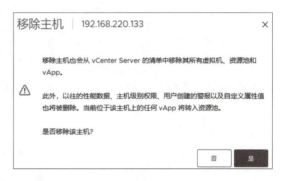

图 3-48 移除主机警示界面

3. 创建虚拟机

将 ESXi 主机加入 vCenter 后，可以在 ESXi 主机中创建 Windows 虚拟机和 Linux 虚拟机。首先讲述 Windows 虚拟机的创建方法。

1) Windows 虚拟机的创建

（1）在 vSphere Client 界面中，右击 ESXi 主机，在快捷菜单中选择"新建虚拟机"，在图 3-49 中选择创建新虚拟机的方法。在该步骤里共列出了 6 种方法，这里选择"创建新虚拟机"，单击"下一页"按钮。

操作视频：创建虚拟机

创建新虚拟机：此选项将指导完成创建新虚拟机的过程。可以自定义处理器、内存、网络连接和存储。创建之后，需要安装客户机操作系统。

从模板部署：此选项将指导完成从模板创建虚拟机的过程。模板是最佳配置的虚拟机映像，用户可以轻松创建可立即使用的虚拟机。必须具有一个模板才能继续使用此选项。

克隆现有虚拟机：此选项将指导用户完成创建现有虚拟机副本的过程。

将虚拟机克隆为模板：此选项将指导用户完成创建现有虚拟机副本并将其转换成模板的过程。模板是最佳配置的虚拟机映像，允许用户轻松创建可立即使用的虚拟机。

将模板转换成虚拟机：此选项将指导用户完成将模板转换为虚拟机的过程。将模板转换为虚拟机后，可以更新虚拟机软件和设置。执行该操作后，可以将虚拟机转换回模板，也可以保留为虚拟机（如果不再需要，将其用作最佳配置的映像）。

将模板克隆为模板：此选项将指导用户完成创建现有模板的过程。

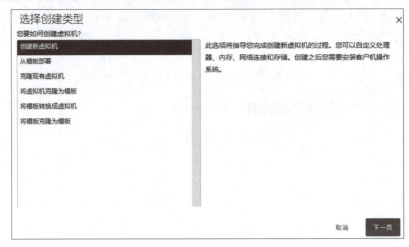

图3-49 "选择创建类型"界面

（2）接下来的步骤与在 ESXi 中创建虚拟机相同，不再赘述。

需要注意的是，在"选择兼容性"界面中，如果集群中 ESXi 版本有低于 8.0 版本的主机，那么需要选择低硬件版本，否则，可能出现虚拟机无法启动的情况，如图 3-50 所示。

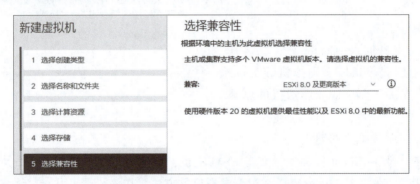

图3-50 "选择兼容性"界面

在虚拟机创建完成后，为虚拟机安装操作系统和安装 VMware Tools 的过程可以参考 2.8 节中"在 ESXi 主机安装操作系统"。图 3-51 所示是安装好操作系统和 VMware Tools 的虚拟机界面。

打开虚拟机的电源后，管理虚拟机有两种方法：一是使用 vMware Remote Console（VMRC）远程管理虚拟机，另一种是使用 Web 控制台。选择其中一种即可。

2）Linux 虚拟机的创建

（1）Linux 虚拟机的创建过程与 Windows 虚拟机的创建过程一样，仅仅在"选择客户机操作系统"过程中，所选的客户机操作系统为 Linux，如图 3-52 所示。

（2）Linux 虚拟机创建完成后，需要安装操作系统。为虚拟机安装操作系统的过程可以参考 2.8 节中"在 ESXi 主机安装操作系统"。图 3-53 所示是安装好操作系统和 VMware Tools 的虚拟机界面。

项目三 VMware vCenter Server 的部署实施

图 3－51 Windows 虚拟机界面

图 3－52 "选择客户机操作系统"界面

图 3－53 Linux 操作系统安装完成界面

4. 创建虚拟机快照与克隆

1) 虚拟机的克隆

（1）连接到 vCenter 上，需要一台准备克隆的虚拟机，检查其运行状况。右击要克隆的虚拟机，然后选择"克隆"→"克隆到虚拟机"，如图 3-54 所示。

操作视频：
创建虚拟机
快照与克隆

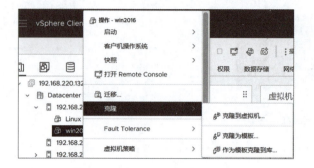

图 3-54 选择"克隆到虚拟机"

（2）进入克隆虚拟机向导。输入虚拟机的名称并且选择位置，然后单击"下一页"按钮，如图 3-55 所示。

图 3-55 "选择名称和文件夹"界面

（3）选择要在其上运行新虚拟机的主机，兼容性检查成功后，单击"下一页"按钮，如图 3-56 所示。

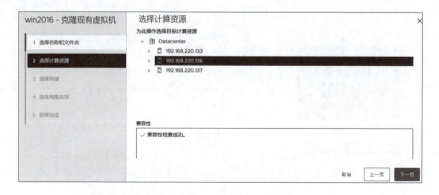

图 3-56 "选择计算资源"界面

(4) 选择要存储虚拟机文件的数据存储位置。单击"下一页"按钮,如图3-57所示。

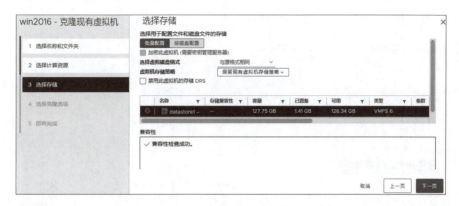

图 3-57 "选择存储"界面

(5) 在"选择克隆选项"界面中,可以选择自定义操作系统、自定义此虚拟机的硬件、创建后打开虚拟机电源。这里勾选这三个选项,单击"下一页"按钮,如图3-58所示。

图 3-58 "选择克隆选项"界面

(6) 自定义客户机操作系统,防止部署虚拟机时出现冲突,单击"下一页"按钮,如图3-59所示。

图 3-59 "自定义客户机操作系统"界面

（7）在自定义硬件界面中，单击"添加新设备"，可以为克隆的虚拟机添加硬盘等设备，单击"下一页"按钮，如图3-60所示。

图3-60 "自定义硬件"界面

（8）在"即将完成"界面中查看要克隆的虚拟机的设置，在单击"完成"按钮前，可以对克隆后的虚拟机进行硬件设置或者更改。在"虚拟机属性"界面中，进行任何所需的更改，然后单击"确定"按钮，最后单击"完成"按钮，此时将部署克隆的虚拟机，如图3-61所示。在克隆完成之前，不能使用或编辑虚拟机。如果克隆涉及创建虚拟磁盘，则克隆可能需要几分钟时间。图3-62所示为已经克隆好的虚拟机。

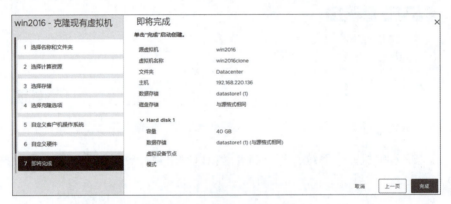

图3-61 "即将完成"界面

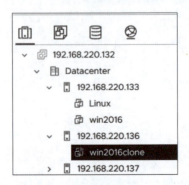

图3-62 虚拟机克隆完成界面

2）虚拟机的快照

（1）虚拟机进行快照，首先使用 vShpere Client 登录到 vCenter Server，检查需要快照的虚拟机的运行状态，然后右击要建快照的虚拟机，在出现的下拉菜单中，选择"快照"→"生成快照"，如图 3-63 所示。

图 3-63　选择"生成快照"

（2）在"生成快照"界面中，为建立的快照输入名称，并对该虚拟机的状态进行描述，单击"确定"按钮，如图 3-64 所示。

选中"包括虚拟机的内存"制作快照的时候，如果虚拟机处于开机状态，则恢复快照的时候虚拟机将处于开机状态；不选中"包括虚拟机的内存"制作快照的时候，如果虚拟机处于开机状态，则恢复快照的时候虚拟机将处于关机状态。

图 3-64　执行虚拟机快照界面

（3）在快照管理器中，可以看到新建立的快照。在快照管理器中，可以删除、编辑快照，如图 3-65 所示。

图 3-65　快照管理器界面

5. 使用模板部署虚拟机

使用虚拟机模板的目的是在企业环境中大量快速部署虚拟机，有效提高数据中心的运维效率。

使用模板部署虚拟机，首先需要创建虚拟机自定义规范，然后创建虚拟机模板，最后使用虚拟机模板创建虚拟机。在本任务中分别使用 Windows 和 Linux

操作视频：使用模板部署虚拟机

虚拟机模板创建新的虚拟机。

使用 Windows 虚拟机模板创建新的虚拟机：

1）创建 Windows 虚拟机自定义规范

（1）单击 vSphere Client 菜单，在下拉菜单中单击"策略和配置文件"，如图 3-66 所示。

（2）在"策略和配置文件"菜单中选中"虚拟机自定义规范"后，单击"新建…"，如图 3-67 所示。

图 3-67　创建 Windows 虚拟机自定义规范 2

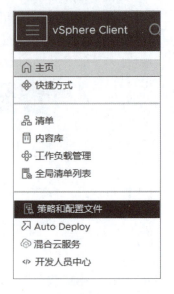

图 3-66　创建 Windows 虚拟机自定义规范 1

（3）在"新建虚拟机自定义规范"界面中进入"1 名称和目标操作系统"。在"名称"栏中输入"Windows Server 2016"，"目标客户机系统"选择"Windows"，勾选"生成新的安全身份（SID）"，单击"下一页"按钮，如图 3-68 所示。SID 是标识用户、组、计算机账户的唯一编号，用于对操作系统的资源进行访问控制，每个账户都有唯一的 SID，SID 重复有可能引起安全问题。

图 3-68　创建 Windows 虚拟机自定义规范 3

（4）在"2 注册信息"中指定客户机操作系统副本的注册信息。在"所有者名称"和"所有者组织"栏中输入"Bitc"，这两个选项可以根据实际情况自行定义，单击"下一页"按钮，如图 3-69 所示。

（5）在"3 计算机名称"中选中"输入名称"，在下面的输入栏中输入"winserver 2016"，勾选"附加唯一数值"，单击"下一页"按钮，如图 3-70 所示。通过该设置，在使用自定义规范创建虚拟机时,将自动生成主机名称并带上唯一序号。

图 3-69　创建 Windows 虚拟机自定义规范 4

图 3-70　创建 Windows 虚拟机自定义规范 5

(6) 在"4 Windows 许可证"界面中输入相关产品密钥,在本任务中所有配置选项保持默认值,单击"下一页"按钮,如图 3-71 所示。

图 3-71　创建 Windows 虚拟机自定义规范 6

(7) 在"5 管理员密码"中输入管理员账户的密码和自动登录选项。在"密码"右侧的输入栏中输入 administrator 的密码并确认密码,勾选"以管理员身份自动登录","自动登录的次数"选择"1",单击"下一页"按钮,如图 3-72 所示。

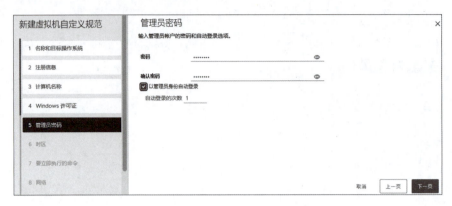

图 3-72　创建 Windows 虚拟机自定义规范 7

(8)在"6 时区"中选择"(UTC+08:00)北京,重庆,香港特别行政区,乌鲁木齐",单击"下一页"按钮,如图 3-73 所示。

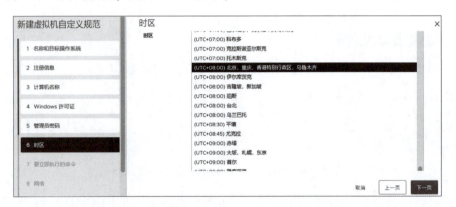

图 3-73　创建 Windows 虚拟机自定义规范 8

(9)在"7 要立即执行的命令"中输入用户首次登录时要执行的命令,可以编写第一次登录系统需要执行的命令脚本,如设置防火墙、设置系统服务等,在本任务中保持默认值,单击"下一页"按钮,如图 3-74 所示。

图 3-74　创建 Windows 虚拟机自定义规范 9

(10) 在"8 网络"中指定虚拟机网络设置,如图 3-75 所示。选择"手动选择自定义设置"后可以添加、编辑、删除网卡。选中"网卡 1",单击"编辑",弹出"网络编辑"界面,如图 3-76 所示。选择"当使用规范时,提示用户输入 IPv4 地址",在"子网掩码"右侧输入栏中输入"255.255.25.0",在"默认网关"右侧输入栏中输入"192.168.220.2",单击"确定"按钮,返回到图 3-75 后,单击"下一页"按钮。

图 3-75 创建 Windows 虚拟机自定义规范 10

图 3-76 创建 Windows 虚拟机自定义规范 11

(11) 在"9 工作组或域"中设置新建虚拟机加入域,选中"Windows 服务器域",在右侧输入栏中输入域名,输入用户名和密码。在本任务中没有设置服务器域,保持默认值,单击"下一页"按钮,如图 3-77 所示。

图 3-77 创建 Windows 虚拟机自定义规范 12

（12）在"10 即将完成"中可以核对自定义规范各个配置项的参数设置，核对无误后，单击"完成"按钮，如图 3-78 所示。创建完成的 Windows 虚拟机自定义规范如图 3-79 所示。

图 3-78　创建 Windows 虚拟机自定义规范 13

图 3-79　创建 Windows 虚拟机自定义规范 14

2）创建 Windows 虚拟机模板

创建 Windows 虚拟机模板一般有两种方式：一种是通过克隆的方式，"克隆为模板"虚拟机通过复制的方式产生模板而原虚拟机保留；另一种是通过转换的方式，"转换为模板"直接将虚拟机转换为模板而原来的虚拟机将从集群和主机清单中移除。本任务中对"转换为模板"的方式进行讲解。

右击 Windows 虚拟机，在出现的下拉菜单中依次选择"模板"→"转换成模板"，如图 3-80 所示。在弹出的"确认转换"界面中提示"是否将虚拟机'win2016'转换为模板？"，单击"是"按钮，如图 3-81 所示。单击导航栏中的"虚拟机和模板清单"，会看到虚拟机 win2016 已转换为模板，如图 3-82 所示。

图 3-80　创建 Windows 虚拟机模板 1

项目三 VMware vCenter Server 的部署实施

图 3-81 创建 Windows 虚拟机模板 2

图 3-82 创建 Windows 虚拟机模板 3

注：虚拟机转换为模板后，配置文件 .vmx 转换为 .vmtx 文件。

虚拟机可以转换为模板，模板也可以转换为虚拟机。模板转换为虚拟机后，模板将从"虚拟机和模板清单"中移除。模板转换为虚拟机的操作过程如下：

（1）右击创建完成的 Windows 虚拟机模板，在快捷菜单中选择"转换为虚拟机"，如图 3-83 所示。

图 3-83 模板转换为虚拟机 1

（2）在"1 选择计算资源"界面中选择新创建的虚拟机存放的 ESXi 主机，兼容性检查成功后，单击"下一页"按钮，如图 3-84 所示。

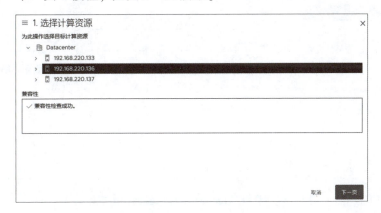

图 3-84 模板转换为虚拟机 2

135

(3) 在"2 即将完成"界面中核对各配置项的参数,核对无误后,单击"完成"按钮,如图 3-85 所示。

图 3-85　模板转换为虚拟机 3

3) 使用 Windows 虚拟机模板创建虚拟机

在将模板创建好以后,可以使用该模板部署虚拟机。

(1) 右击创建完成的 Windows 虚拟机模板,在快捷菜单中选择"从此模板新建虚拟机",如图 3-86 所示。

(2) 在"选择名称和文件夹"界面中,输入虚拟机名称,选择该虚拟机存放位置,单击"下一页"按钮,如图 3-87 所示。

图 3-86　使用 Windows 虚拟机模板创建虚拟机 1

图 3-87　使用 Windows 虚拟机模板创建虚拟机 2

(3) 在"选择计算资源"界面中,选择虚拟机运行的主机,在兼容性检查成功后,单击"下一页"按钮,如图 3 – 88 所示。

图 3 – 88　使用 Windows 虚拟机模板创建虚拟机 3

(4) 在"选择存储"界面中,为新建的虚拟机选择目标存储器,兼容性检查成功后,单击"下一页"按钮,如图 3 – 89 所示。

图 3 – 89　使用 Windows 虚拟机模板创建虚拟机 4

(5) 在"选择克隆选项"界面中,有自定义操作系统、自定义此虚拟机的硬件、创建后打开虚拟机电源三个选项,如图 3 – 90 所示。勾选"自定义操作系统",在弹出的"自定义客户机操作系统"界面中选中"windows server 2016",单击"下一页"按钮,如图 3 – 91 所示。

图 3 – 90　使用 Windows 虚拟机模板创建虚拟机 5

图 3-91 使用 Windows 虚拟机模板创建虚拟机 6

(6) 在"用户设置"界面中,在"IPv4 地址"右侧的输入栏中输入新建虚拟机的 IP 地址,单击"下一页"按钮,如图 3-92 所示。

图 3-92 使用 Windows 虚拟机模板创建虚拟机 7

(7) 在"即将完成"界面中,列出了新建虚拟机的信息,单击"完成"按钮,完成从模板部署虚拟机,如图 3-93 所示。图 3-94 显示了使用模板创建好的虚拟机。

图 3-93 使用 Windows 虚拟机模板创建虚拟机 8

图 3-94　使用 Windows 虚拟机模板创建虚拟机 9

使用 Linux 虚拟机模板创建新的虚拟机：

1）创建 Linux 虚拟机自定义规范

（1）与创建 Windows 虚拟机自定义规范一样，单击 vSphere Client 菜单，在"策略和配置文件"菜单中选中"虚拟机自定义规范"后，单击"新建…"按钮，弹出"新建虚拟机自定义规范"界面，在"1 名称和目标操作系统"的"名称"栏中输入"CentOS7"，"目标客户机系统"选择"Linux"，单击"下一页"按钮，如图 3-95 所示。

图 3-95　创建 Linux 虚拟机自定义规范 1

（2）在"2 计算机名称"中选中"输入名称"，在下面的输入栏中输入"CentOS"，单击"下一页"按钮，如图 3-96 所示。

（3）在"3 时区"中选择"上海"，单击"下一页"按钮，如图 3-97 所示。

（4）在"4 自定义脚本"中可以编辑初始化 Linux 操作系统脚本，在本任务中保持默认值，单击"下一页"按钮，如图 3-98 所示。

图 3-96　创建 Linux 虚拟机自定义规范 2

图 3-97　创建 Linux 虚拟机自定义规范 3

图 3-98　创建 Linux 虚拟机自定义规范 4

（5）在"5 网络"中指定虚拟机网络设置。选择"手动选择自定义设置"后可以添加、编辑、删除网卡。选中"网卡 1"，单击"编辑"，弹出"网络编辑"界面，如图 3-99 所示，选择"当使用规范时，提示用户输入 IPv4 地址"，在"子网掩码"右侧输入栏中输入"255.255.25.0"，在"默认网关"右侧输入栏中输入"192.168.220.2"，单击"确定"按钮，返回到图 3-100 后，单击"下一页"按钮。

图 3-99 创建 Linux 虚拟机自定义规范 5

图 3-100 创建 Linux 虚拟机自定义规范 6

（6）在"6 DNS 设置"中的"主 DNS 服务器"和"辅助 DNS 服务器"栏输入 DNS 服务器地址，单击"下一页"按钮，如图 3-101 所示。

图 3-101 创建 Linux 虚拟机自定义规范 7

（7）在"7 即将完成"中可以核对自定义规范各个配置项的参数设置，核对无误后，单击"完成"按钮，如图 3-102 所示，创建完成的 Windows 虚拟机自定义规范如图 3-103 所示。

图 3－102　创建 Linux 虚拟机自定义规范 8

图 3－103　创建 Linux 虚拟机自定义规范 9

2）创建 Linux 虚拟机模板

创建完 Linux 虚拟机自定义规范后，通过"克隆为模板"的方式创建 Linux 虚拟机模板。

（1）右击 Linux 虚拟机，在出现的下拉菜单中依次选择"克隆"→"克隆为模板"，如图 3－104 所示。

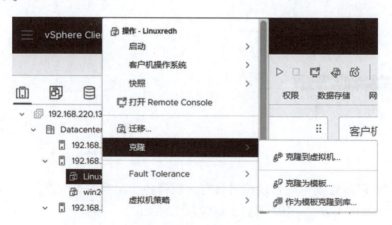

图 3－104　创建 Linux 虚拟机模板 1

（2）在弹出的"1. 选择名称和文件夹"界面中，在"虚拟机模板名称"右侧输入栏中输入虚拟机模板的名称并为该模板选择存放位置，单击"下一页"按钮，如图 3 – 105 所示。

图 3 – 105　创建 Linux 虚拟机模板 2

（3）在"2. 选择计算资源"界面中，为该虚拟机模板选择目标计算资源，兼容性检查成功后，单击"下一页"按钮，如图 3 – 106 所示。

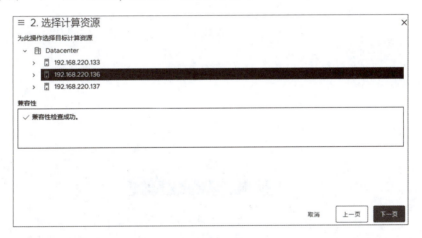

图 3 – 106　创建 Linux 虚拟机模板 3

（4）在"3. 选择存储"界面中，为该虚拟机模板的配置文件和磁盘文件选择存储器，兼容性检查成功后，单击"下一页"按钮，如图 3 – 107 所示。

（5）在"4. 即将完成"界面中，可以核对各个配置项的参数设置，核对无误后，单击"完成"按钮，如图 3 – 108 所示。创建完成的 Linux 虚拟机模板如图 3 – 109 所示。

3）使用 Linux 虚拟机模板创建虚拟机

在将模板创建好以后，可以使用该模板部署虚拟机，操作过程与使用 Windows 虚拟机模板创建新的虚拟机相同，这里不再赘述。

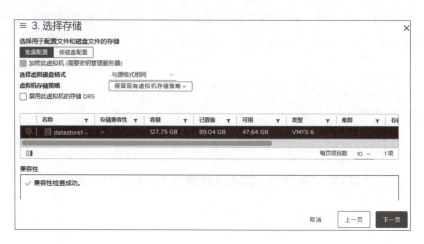

图 3–107　创建 Linux 虚拟机模板 4

图 3–108　创建 Linux 虚拟机模板 5

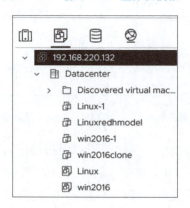

图 3–109　创建 Linux 虚拟机模板 6

【任务总结】

　　vCenter Server 是一种服务，充当连接到网络的 ESXi 主机的中心管理员，正确安装 vCenter Server 是非常重要的。在本任务中描述了 vCenter Server 的功能、作用及其安装环境

项目三 VMware vCenter Server 的部署实施

后,重点介绍了 vCenter Server 的安装以及创建数据中心、添加主机、克隆与快照虚拟机和使用模板部署虚拟机的操作。

【任务评价】

序号	主要内容	考核要求	评分标准	配分	扣分	得分
1	方案设计	项目规划设计	(1) 网络规划设计符合任务要求	5 分		
			(2) 设备配置规划设计符合任务要求	5 分		
2	任务实施	(1) 创建数据中心,增加三台主机;(2) 在一台主机中安装 Windows Server 2016 和 Linux 操作系统;(3) 创建 Windows 和 Linux 模板,使用虚拟机模板创建新的虚拟机	(1) 数据中心创建成功	5 分		
			(2) 三台 ESXi 主机添加成功	10 分		
			(3) 在 vCenter Server 中正确安装 Windows Server 2016 和 Linux 操作系统,并安装 VMware Tools	20 分		
			(4) 成功创建 Windows 和 Linux 虚拟机模板,并比较使用自定义模板部署虚拟机和不使用自定义模板部署虚拟机的区别	15 分		
3	职业素养	(1) 遵守学校纪律,保持实训室整洁干净;(2) 文档排版规范;(3) 小组独立完成任务	(1) 不迟到,遵守实训室规章制度,维护实训室设备	6 分		
			(2) 能够正确使用截图工具截图,每张图有说明、有图标	6 分		
			(3) 任务书中页面设置、正文标题、正文格式规范	6 分		
			(4) 积极解决任务实施过程中遇到的问题	6 分		
			(5) 同学之间能够积极沟通	6 分		
			(6) 小组独立完成任务,杜绝抄袭	10 分		
备注			合计	100		
小组成员签名						
教师签名						
日期						

项目四

服务器虚拟化的基本配置

【项目介绍】

在 vSphere 虚拟化运行环境中，网络管理与存储对 vSphere 非常重要。vSphere 网络负责 ESXi 主机之间、ESXi 主机与 vCenter Server 之间、虚拟机与物理网络之间的数据流量，承担 vMotion、vSphere HA、vSphere FT 等数据流量。vSphere 存储汇聚物理硬件资源，并为数据中心提供虚拟资源。在本项目中，通过对 vSphere 虚拟机交换机的配置实现虚拟机与外部通信；通过对 NFS、iSCSI 共享存储配置实现虚拟机文件存储与存储冗余。

【项目目标】

一、知识目标

（1）理解 vSphere 标准交换机与分布式交换机的原理。
（2）掌握 vSphere 支持的存储类型。
（3）掌握 vSphere 支持的存储文件格式。

二、能力目标

（1）学会 vSphere 标准交换机和分布式交换机的创建、管理与使用。
（2）学会 NFS 存储和 iSCSI 存储的管理与使用。

三、素质目标

（1）通过存储技术与产业发展历程及里程碑事件，培养学生勇于探索和尊重科学的精神。
（2）展示网络安全的重要性，引导学生树立安全意识，遵纪守法，爱国护网。

项目四 服务器虚拟化的基本配置

【项目内容】

任务一 VMware vSphere 网络配置

【任务介绍】

物理网络是为了使物理机之间能够收发数据而在物理机间建立的网络。VMware ESXi 运行于物理机之上。虚拟网络是运行于单台物理机之上的虚拟机之间为了互相发送和接收数据而相互逻辑连接所形成的网络。在本任务中主要介绍 vSphere 虚拟标准交换机的概念、体系架构；vSphere 虚拟分布式交换机的概念、功能及其体系架构。本任务完成在 VMware ESXi 上创建标准交换机，实现多个物理网卡绑定及负载均衡，在 VMware vCenter 上完成分布式交换机的创建、管理、配置。

【任务目标】

（1）理解 vSphere 标准交换机与分布式交换机的原理。
（2）学会 vSphere 标准交换机和分布式交换机的创建。
（3）学会 vSphere 标准交换机和分布式交换机的管理和使用。

【相关知识】

4.1 vSphere 虚拟网络介绍

vSphere 网络包括 vSphere 标准交换机、vSphere Distributed Switch、标准端口组、分布式端口组等。

1. vSphere 标准交换机

vSphere Standard Switch 即标准交换机，简称 VSS，其运行方式与物理以太网交换机十分相似。它检测与其虚拟端口进行逻辑连接的虚拟机，并使用该信息向正确的虚拟机转发流量。可使用物理以太网适配器（也称为上行链路适配器）将虚拟网络连接至物理网络，以将 vSphere 标准交换机连接到物理交换机。vSphere 标准交换机不具备物理交换机所拥有的一些高级功能。

微课：VMware vSphere 网络

授课视频：vSphere 虚拟网络介绍

vSphere 标准交换机架构如图 4-1 所示。主机上的虚拟机网络适配器和物理网卡使用交换机上的逻辑端口，每个适配器使用一个端口。标准交换机上的每个逻辑端口都是单一端口组的成员。

上行链路端口/端口组：在虚拟交换机上用于连接物理网卡的端口/端口组，多个端口组成端口组。

vmnic：在 ESXi 中，物理网卡名称都叫 vmnic，第一片物理网卡为 vmnic0，第二片 vmnic1，依此类推。在安装完 ESXI 后，默认会添加第一片网卡 vmnic0。vSphere 的高级功能必须通过多片网卡来实现。

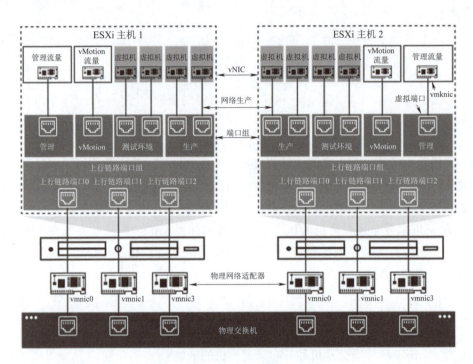

图 4-1 vSphere 标准交换机架构

vmknic：也是物理网卡，是分配给虚拟端口/端口组的网卡。

标准端口组：标准交换机上的每个标准端口组都由一个对于当前主机必须保持唯一的网络标签来标识。可以使用网络标签来使虚拟机的网络配置可在主机间移植。应为数据中心的端口组提供相同标签，这些端口组使用在物理网络中连接到一个广播域的物理网卡。反过来，如果两个端口组连接不同广播域中的物理网卡，则这两个端口组应具有不同的标签。

VLAN ID：是可选的，它用于将端口组流量限制在物理网络内的一个逻辑以太网网段中。要使端口组接收同一个主机可见、但来自多个 VLAN 的流量，必须将 VLAN ID 设置为 VGT（VLAN 4095）。

2. vSphere 分布式交换机

vSphere Distributed Switch 即分布式交换机，简称 vDS 或 vNDS，以 vCenter Server 为中心创建的虚拟交换机，此虚拟交换机可以跨越多台 ESXi 主机，同时管理多台 ESXi 主机。VDS 的体系架构如图 4-2 所示。

vSphere 中的网络交换机由两个逻辑部分组成：数据面板和管理面板。数据面板可实现数据包交换、筛选和标记等。管理面板是用于配置数据面板功能的控制结构。vSphere 标准交换机同时包含数据面板和管理面板，可以单独配置和维护每个标准交换机。

上行链路端口组：上行链路端口组或 dvuplink 端口组在创建 Distributed Switch 期间进行定义，可以具有一个或多个上行链路。上行链路是可用于配置主机物理连接以及故障切换和负载均衡策略的模板。可以将主机的物理网卡映射到 Distributed Switch 上的上行链路。在主机级别，每个物理网卡将连接到特定 ID 的上行链路端口。可以对上行链路设置故障切换和负载均衡策略，这些策略将自动传播到主机代理交换机或数据面板。因此，可以为与

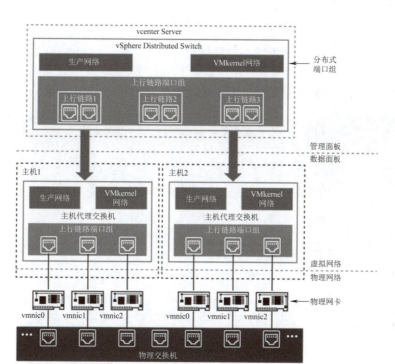

图 4－2　vSphere 分布式交换机架构

Distributed Switch 关联的所有主机的物理网卡应用一致的故障切换和负载均衡配置。

分布式端口组：分布式端口组可向虚拟机提供网络连接并供 VMkernel 流量使用。使用对于当前数据中心唯一的网络标签来标识每个分布式端口组。可以在分布式端口组上配置网卡绑定、故障切换、负载均衡、VLAN、安全、流量调整和其他策略。连接到分布式端口组的虚拟端口具有为该分布式端口组配置的相同属性。与上行链路端口组一样，在 vCenter Server（管理面板）上为分布式端口组设置的配置将通过其主机代理交换机（数据面板）自动传播到 Distributed Switch 上的所有主机。因此，可以配置一组虚拟机以共享相同的网络配置，方法是将虚拟机与同一分布式端口组关联。

【任务实施】

在本任务中，需要为三台 ESXi 主机分别添加 6 块网卡，新建一个独立的标准交换机运行虚拟机流量；为已有的 vSphere 标准交换机添加网络适配器；新建一个承载 vMotion 流量的 vSphere 标准交换机。创建 vSphere 分布式交换机，并为其创建一个分布式端口，添加主机。

4.2　管理与使用 vSphere 标准交换机

1. 创建 vSphere 标准交换机

完成 ESXi 的主机安装后，系统会在 vSwith0 交换机上创建名为 VM Network 的端口组，如图 4－3 所示。在图 4－3 中，VM Network 端口是 ESXi 主机中最基本的通信端口，主要承载 ESXi 主机运行的虚拟机通

授课视频：管理与使用 vSphere 标准交换机

信流量。Management Network 端口需要配置 IP 地址和网关，其主要用于管理网络、iSCSI 存储网络、VMotion、NFS 存储、FT 网络等，可以建立多个 VMKernel 网络将每个网络独立开来。在本节中，介绍如何创建独立的标准交换机来运行虚拟机流量。

操作视频：创建 vSphere 标准交换机

图 4-3　ESXi 主机端口组界面

1）创建运行虚拟机流量的标准交换机

（1）打开 VMware ESXi（192.168.220.133）主机的设置界面，添加 7 块虚拟机网卡。网络连接模式设置为"NAT"模式，如图 4-4 所示。

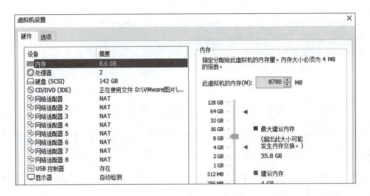

图 4-4　在 VMware Workstation 中新增加网络适配器界面

（2）使用 vSphere Client 登录到 vCenter 管理界面，在数据中心选中 VMware ESXi（192.168.220.133）主机，在右侧的"配置"选项卡上，展开"网络"，然后选择"虚拟交换机"，单击"添加网络"按钮，如图 4-5 所示。

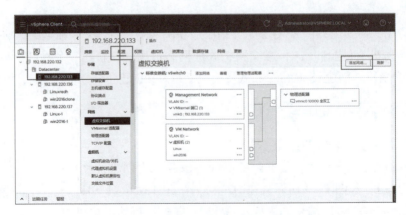

图 4-5　创建 vSphere 标准交换机界面 1

（3）在"1. 选择连接类型"界面中选择"标准交换机的虚拟机端口组"，单击"下一页"按钮，如图 4-6 所示。

VMkernel 网络适配器：是一个三层的网络端口，用来处理主机管理流量、vMotion、网络存储、容错或 vSAN 流量。

物理网络适配器：将物理网络适配器添加到现有或新的标准交换机。

标准交换机的虚拟机端口组：为虚拟机网络创建新的端口组。

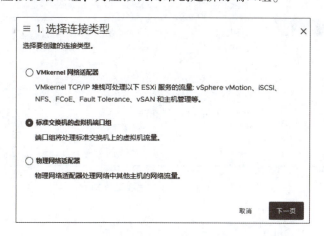

图 4-6 创建 vSphere 标准交换机界面 2

（4）在图 4-7 中，选择目标设备，既可以选择现有标准交换机，也可以新建标准交换机，在这里，选择"新建标准交换机"，参数"MTU（字节）"保持默认设置不变，单击"下一页"按钮，如图 4-7 所示。

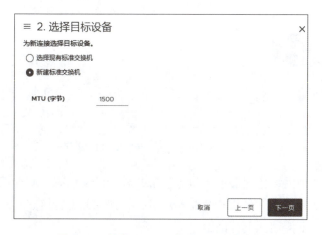

图 4-7 创建 vSphere 标准交换机界面 3

可以通过更改 MTU（Maximum Transmission Unit，最大传输单元）的大小，增加使用单个数据包传输的负载数据量（也就是启用巨帧）来提高网络效率。设置的 MTU 大小不能超过 9 000 字节。

（5）在"3. 创建标准交换机"中，使用向上和向下箭头更改适配器的位置。选中空闲的适配器,单击"下移",将选中的适配器移动到活动适配器,为新创建的标准交换机添加适配器,如图4-8和图4-9所示,单击"下一页"按钮。

图4-8　创建 vSphere 标准交换机界面4

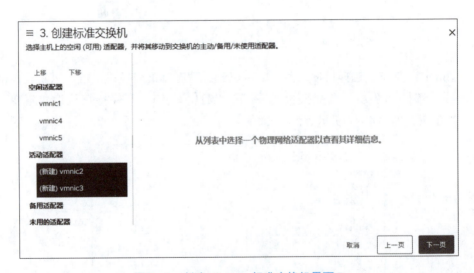

图4-9　创建 vSphere 标准交换机界面5

活动适配器:如果网络适配器连接运行正常并处于活动状态,则继续使用上行链路。

备用适配器:如果其中一个活动适配器停机,则使用此上行链路。

未用的适配器:不使用此上行链路。

(6)在"4.连接设置"界面中,为端口组输入网络标签和 VLAN ID,单击"下一页"按钮,如图4-10所示。

在本教材中,所有 ESXi 主机的网卡都是 VMware Workstation 创建的虚拟网卡,没有接入真实的物理交换网络环境,因此"VLAN ID"选择"无(0)"。

图 4 – 10　创建 vSphere 标准交换机界面 6

注：端口组名称不得包含冒号字符（:）。

（7）在"5. 即将完成"界面中，确认新创建的虚拟交换机参数设置正确，单击"完成"按钮，如图 4 – 11 所示。

图 4 – 11　创建 vSphere 标准交换机界面 7

（8）虚拟标准交换 vSwitch1 创建成功，如图 4 – 12 所示。

图 4 – 12　标准交换机 vSwith1 创建成功界面

在添加完标准交换机后,再创建虚拟机的时候,可以为其选择不同的端口组,也可为之前创建的虚拟机选择其他的端口组,修改过程如下:

(1) 查看运行在 ESXi 主机中的 win2016-2 虚拟机流量的端口组,使用的是 VMNetwork 端口组,如图 4-13 所示。

图 4-13　虚拟机 win2016-2 使用的端口组界面

(2) 右键单击 win2016-2 虚拟机,在快捷菜单中选择"编辑设置",单击网络适配器右侧"VM Network"旁的向下箭头,选择"浏览",如图 4-14 所示;在弹出的"选择网络"界面中,选择"虚拟机网络"即新建的标准端口组,如图 4-15 所示;调整后,虚拟机 win2016-2 使用的端口组为名为"虚拟机网络"的端口组,如图 4-16 所示。

图 4-14　更改虚拟机 win2016-2
网络端口组界面 1

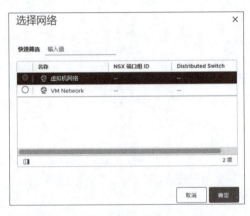

图 4-15　更改虚拟机 win2016-2
网络端口组界面 2

图 4-16　虚拟机 win2016-2 使用的端口组界面

2）编辑标准交换机配置

在创建完交换机后，可以对标准交换机进行编辑设置。

（1）单击标准交换机 vSwitch1 的"编辑"选项，编辑设置标准交换机的属性、安全、流量调整以及绑定和故障切换，如图 4-17 所示。

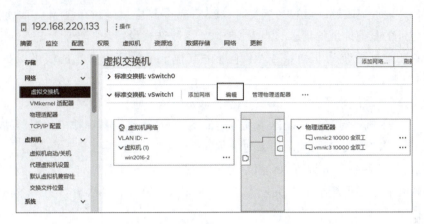

图 4-17　编辑设置标准交换机界面 1

（2）在"属性"界面，端口数显示为"弹性"，默认端口数为 8，根据"弹性"原则分配了所有端口后，将创建一组新的 8 个端口，标准交换机的端口数将按比例自动增加或减少；MTU（字节）在前面已讲解，不再赘述，如图 4-18 所示。

图 4-18　编辑设置标准交换机界面 2

（3）标准交换机包含混杂模式、MAC 地址更改、伪传输三种安全设置，在"安全"页面可以根据实际需要设置"接受"还是"拒绝"这三种模式。在本任务中，为保证 vSphere 网络安全，三种模式均设置为"拒绝"，如图 4-19 所示。

图 4-19　编辑设置标准交换机界面 3

混杂模式会清除虚拟机适配器执行的任何接收筛选,以便客户机操作系统接收在网络上观察到的所有流量。默认情况下,虚拟机适配器不能在混杂模式下运行。

MAC 地址更改选项让虚拟机能够接收 MAC 地址不同于 .vmx 中所配置的地址的帧,即 MAC 地址更改选项比较虚拟机虚拟网卡的"有效地址"与"初始地址"是否相符,方向是入站。当 MAC 地址更改选项设置为接受时,ESXi 接受将虚拟机的有效 MAC 地址更改为非初始 MAC 地址的其他地址的请求。当 MAC 地址更改选项设置为拒绝时,ESXi 不接受将虚拟机有效 MAC 地址更改为非初始 MAC 地址的其他地址的请求。此选项可保护主机免受 MAC 模拟的威胁。

当伪传输选项设置为接受时,ESXi 不会比较源 MAC 地址和有效 MAC 地址。伪传输选项设置为拒绝,主机将对客户机操作系统传输的源 MAC 地址与其虚拟机适配器的有效 MAC 地址进行比较,以确认是否匹配。如果地址不匹配,ESXi 主机将丢弃数据包。

(4)在"流量调整"界面可以设置"平均带宽""峰值带宽"和"突发大小"。需要注意的是,"峰值带宽"不能小于"突发大小",在图 4-20 中,"状态"为"禁用"表示未启用流量调整,在本任务中保持默认值。

图 4-20　编辑设置标准交换机界面 4

流量调整策略可以调整标准交换机上的出站网络流量以及分布式交换机上的入站和出站流量。流量调整功能会限制可用于端口的网络带宽,但也可以将其配置为允许流量突发,使流量以更高的速度通过端口。

平均带宽规定某段时间内允许通过端口的平均每秒位数。此数值是允许的平均负载。

峰值带宽是当端口发送或接收突发流量时,每秒允许通过端口的最大位数。此数值会限制端口经历突发时额外使用的带宽。此参数不能小于平均带宽。

突发大小是突发中所允许的最大字节数。如果设置了此参数,则在端口没有使用为其分配的所有带宽时可能会获取额外的突发。当端口所需带宽大于平均带宽所指定的值时,如果有额外突发可用,则可能会临时允许以更高的速度传输数据。此参数限制在额外突发中累积的字节数,使流量以更高的速度传输。

(5)在"绑定和故障切换"界面可以设置"负载均衡""网络故障检测""通知交换机"和"故障恢复",在本任务中保持各项默认值,如图 4-21 所示。

网卡绑定策略:将虚拟交换机连接至主机上的多个物理网卡,以增加交换机的网络带宽以及提供冗余。

负载均衡确定网络流量如何在网卡组中的网络适配器之间分布。

网络故障检测策略包含了两种方式：一种是仅链路状态，一种是信标探测。

通知交换机策略可以确定 ESXi 主机如何传达故障切换事件。当物理网卡连接到虚拟交换机或流量重新路由到网卡组中的其他物理网卡时，虚拟交换机将通过网络发送通知，以更新物理交换机上的查找表。为物理交换机发送通知可以在出现故障切换或使用 vSphere vMotion 进行迁移时获得最低延迟。

故障恢复策略是指在主用网卡发生故障时，将流量切换至组中正常可用网卡或备用适配器组可用网卡，确保业务快速恢复的一种策略。

图 4－21　编辑设置标准交换机界面 5

3）编辑端口组配置

（1）在 vSwitch1 的拓扑图中单击"虚拟机网络"，可以看到"虚拟机网络"有 vmnic2 和 vmnic3 两块物理网卡，如图 4－22 所示。

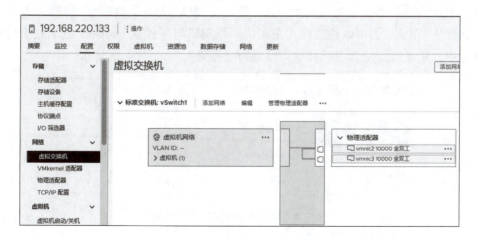

图 4－22　标准交换机端口组界面

（2）继续单击"虚拟机网络"右侧的"…"，在弹出的菜单中单击"编辑设置"，如图4-23所示。

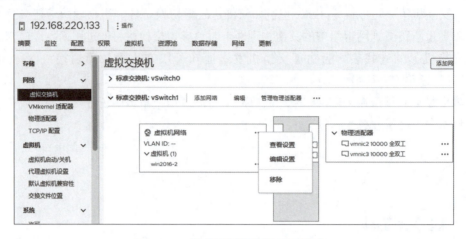

图4-23　编辑设置标准端口组界面1

（3）单击编辑设置页面的"属性"，在该页面可以更改端口组的名称，因为已经存在使用该端口组的虚拟机，如果修改端口组的名字，vCenter Server会使用指定的新名称将该端口组映射到一个标准网络，虚拟机需要重新连接到该新的标准网络，如图4-24所示。

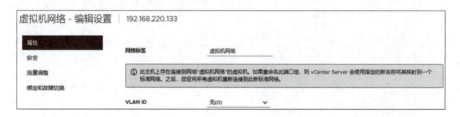

图4-24　编辑设置标准端口组界面2

（4）在"安全"界面，可以设置"混杂模式""MAC地址更改""伪传输"为"拒绝"还是"接受"，在该界面可以设置使用虚拟机网络端口组替代从vSwitch1继承过来的设置，在本任务中，MAC地址更改和伪传输均设置为"拒绝"，如图4-25所示。

图4-25　编辑设置标准端口组界面3

（5）在"流量调整"界面可以设置端口组的流量调整策略，在本任务中所有参数值保持默认，如图4-26所示。

图 4-26 编辑设置标准端口组界面 4

(6) 在"绑定和故障切换"界面可以设置"网络故障检测""通知交换机"和"故障恢复"的选项值。在本任务中，选中所有选项后的"替代"，继承 vSwitch1 的设置，并将适配器 vmnic3 下移到备用适配器，这样 vmnic2 成为主用网卡，vmnic3 成为备用网卡，当 vmnic2 自身或其关联的上行链路发生故障时，流量自动切换到 vmnic3。因为"故障恢复"选择的是"是"，当 vmnic2 自身或其关联的上行链路恢复时，流量切换到 vmnic2，单击"确定"按钮，如图 4-27 所示。

图 4-27 编辑设置标准端口组界面 5

(7) 回到 vSwitch1 的拓扑图，在拓扑图中单击"虚拟机网络"，可以看到"虚拟机网络"只有 vmnic2 承载"虚拟机网络"端口组的数据流量，如图 4-28 所示。

(8) 如果不再需要关联的带标记网络，可以从 vSphere 标准交换机移除端口组。在 vSphere Client 中，导航到主机，在"配置"选项卡上，展开网络，选择"虚拟交换机"，选择"标准交换机"，在交换机的拓扑图中，单击端口组右侧的"…"，如图 4-23 所示，在菜单中单击"移除"，在弹出的界面中单击"是"按钮，将会从 vSphere 标准交换机移除指定的端口组，如图 4-29 所示。

注：确认要移除的端口组未连接任何已打开电源的虚拟机。

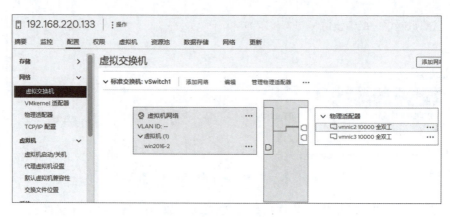

图 4-28　编辑设置标准端口组界面 6

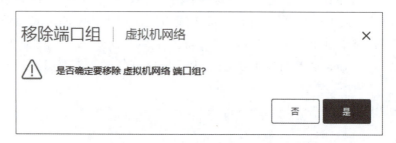

图 4-29　移除标准端口组界面

2. 管理网络适配器

标准交换机只使用一个物理适配器容易造成单点故障。为了解决该问题，可以根据需要为一个 vSphere 标准交换机增加一个或多个物理适配器，在链路出现故障时提供冗余。

在本任务中为 VMware ESXi（192.168.220.133）主机中 vSwitch0 标准交换机添加一块物理适配器。

操作视频：
管理网络适配器

使用 vSphere Client 登录到 vCenter 管理界面，选择 VMware ESXi（192.168.220.133）主机，在右侧的"配置"选项卡上，展开"网络"，然后选择"虚拟交换机"，选中标准交换机 vSwitch0，单击"管理物理适配器"标签，在弹出的"管理物理网络适配器"界面中为 vSwitch0 增加一块物理适配器，添加完成后单击"确定"按钮，如图 4-30 所示。

在 vCenter 界面中，可以看到为 vSwitch0 成功增加了适配器，如图 4-31

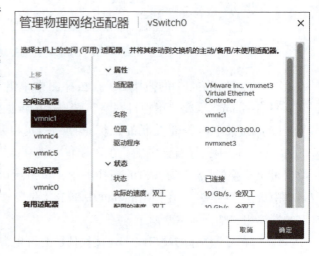

图 4-30　增加物理适配器界面

所示。

图 4-31　vmnic1 成功添加界面

当 vmnic0 自身或其关联的上行链路出现故障时，流量自动切换至 vmnic1。下面通过链路故障模拟测试来验证上述说法。

（1）按照在项目二任务二中 2.7 节启用 ESXi Shell 与 SSH 中讲述的方法进入 ESXi 主机（192.168.220.133）的 ESXi Shell 界面，如图 4-32 所示。

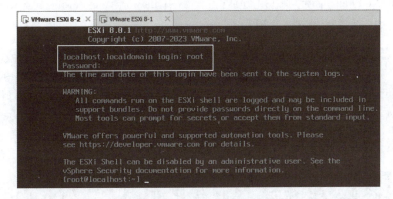

图 4-32　ESXi Shell 界面

（2）在 ESXi Shell 命令行中执行命令"esxcli network nic list"，查看当前 ESXi 主机网卡状态。ESXi 的六块网卡均处于"Up"状态，如图 4-33 所示。

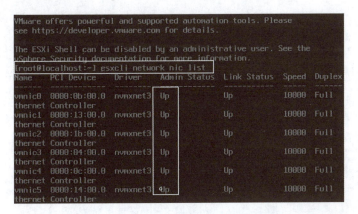

图 4-33　ESXi 主机网卡状态显示界面

（3）在实验主机上的 cmd 命令行界面输入 ping－t 192.168.220.133，持续监测 VM Network 与实验主机的连通性，如图 4－34 所示。

图 4－34　VM Network 端口与实验主机连通性测试界面 1

（4）在 ESXi Shell 命令行中执行命令"esxcli network nic down－n＝vmnic0"，禁用 vmnic0 网卡，如图 4－35 和图 4－36 所示。

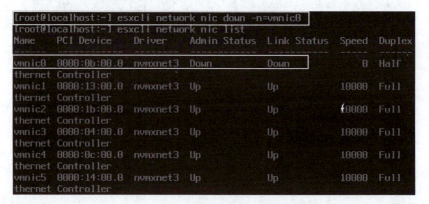

图 4－35　vmnic0 网卡禁用界面

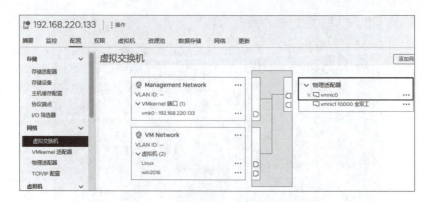

图 4－36　vmnic0 网卡已断开连接界面

（5）查看 VM Network 与实验主机的连通测试情况，数据并没有因为禁用了 vmnic0 而中断，说明现在的数据流量已经成功切换至 vmnic1，如图 4-37 所示。

图 4-37　VM Network 端口与实验主机连通性测试界面 2

以上实验验证了当端口组中的一块网卡因为自身或其关联的上行链路出现故障时，流量自动切换至另一块网卡。

（6）在 ESXi Shell 命令行中执行命令"esxcli network nic up - n = vmnic0"，启用 vmnic0 网卡。

在模拟实验过程中，ESXi 主机（192.168.220.133）会显示黄叹号，如图 4-38 所示。在 vCenter 界面，选中 ESXi 主机（192.168.220.133），在右侧"监控"选项卡上展开"问题与警报"，选择"所有问题"，在右侧显示的问题是：已为主机启用 ESXi Shell。如果不再使用 ESXi Shell 环境，禁用即解决问题。

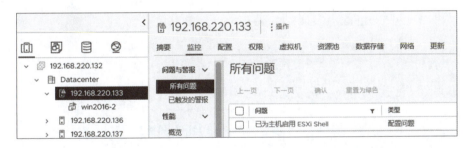

图 4-38　VM Network 端口与实验主机连通性测试界面 3

3. 添加 VMkernel 适配器

VMware ESXi 安装并配置地址后，将自动创建一个"Management Network"虚拟端口与"vmk0"网卡信息。

VMkernel 是 VMware 自定义的特殊端口，可以承载 iSCSI、vMotion、NFS 等流量。

在本任务中为 VMware ESXi（192.168.220.133）主机创建基于

操作视频：添加 VMkernel 适配器

VMkernel 流量的端口组。

（1）使用 vSphere Client 登录 vCenter 管理界面，选择 VMware ESXi（192.168.220.133）主机，在右侧的"配置"选项卡上，展开"网络"，然后选择"VMkernel 适配器"，单击"添加网络"选项，如图 4-39 所示。

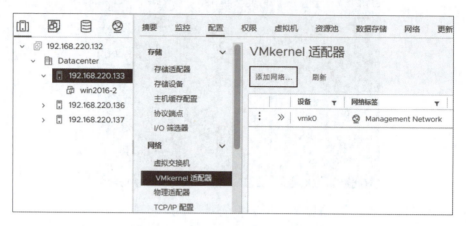

图 4-39　添加 VMkernel 适配器界面 1

（2）在弹出的"1. 选择连接类型"界面中选择"VMkernel 网络适配器"，单击"下一页"按钮，如图 4-40 所示。

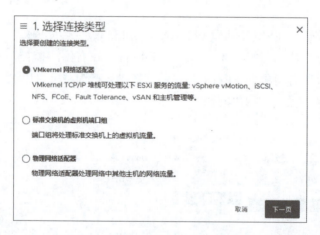

图 4-40　添加 VMkernel 适配器界面 2

（3）在"2. 选择目标设备"界面中，既可以选择现有标准交换机，也可以新建标准交换机，在本任务中，选择"新建标准交换机"，MTU 保持默认值，单击"下一页"按钮，如图 4-41 所示。

（4）在"3. 创建标准交换机"界面中，为新建标准交换机添加 vmnic4 和 vmnic5 两个适配器，MTU 保持默认值不变，单击"下一页"按钮，如图 4-42 所示。

（5）在"4. 端口属性"界面中配置 VMkernel 端口属性，根据使用情况选择已启用的服务，在这里选择"vMotion"，单击"下一页"按钮，如图 4-43 所示。

（6）在"5. IPv4 设置"界面中，为 VMkernel 设置 IPv4 地址。选择"使用静态 IPv4

设置",输入 IPv4 地址、子网掩码、默认网关,设置完成后,单击"下一页"按钮,如图 4-44 所示。

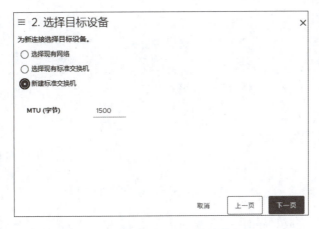

图 4-41　添加 VMkernel 适配器界面 3

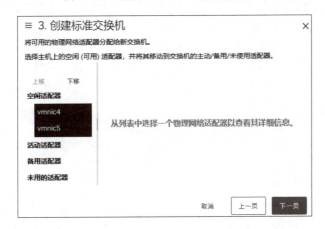

图 4-42　添加 VMkernel 适配器界面 4

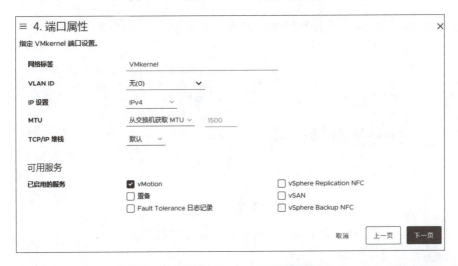

图 4-43　添加 VMkernel 适配器界面 5

图 4–44　添加 VMkernel 适配器界面 6

（7）在"6. 即将完成"界面中，信息确认无误后，单击"完成"按钮，如图 4–45 所示。

图 4–45　添加 VMkernel 适配器界面 7

（8）在 vCenter 界面，可看到新增加的设备名称为"vmk1"的 VMkernel 适配器，如图 4–46 所示。

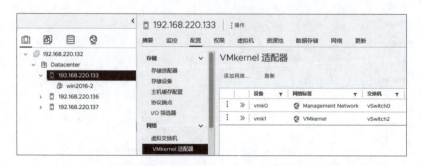

图 4–46　添加 VMkernel 适配器界面 8

在图 4–46 中，单击"》"前面的"："，可以对 VMkernel 进行编辑与删除。

4.3 管理与使用 vSphere 分布式交换机

1. 创建分布式交换机

（1）使用 vSphere Client 登录 vCenter 界面，右击数据中心，在快捷菜单中选中"Distributed Switch"，单击"新建 Distributed Switch"，如图 4－47 所示。

操作视频：创建
分布式交换机

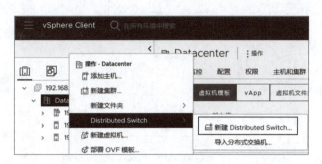

图 4－47　新建 Distributed Switch 界面 1

（2）在"新建 Distributed Switch"的"名称和位置"界面中，为新建的 Distributed Switch 修改名称和选择位置，单击"下一页"按钮，如图 4－48 所示。

图 4－48　新建 Distributed Switch 界面 2

（3）在"新建 Distributed Switch"的"选择版本"界面中，如图 4－49 所示，如果有低版本的 ESXi，选择低版本的 ESXi 版本号，单击"下一页"按钮。

授课视频：管理
与使用 vSphere
分布式交换机

（4）在"新建 Distributed Switch"的"配置设置"界面中，设置上行链路数，填写端口组名称，单击"下一页"按钮，如图 4－50 所示。上行链路是将 vSphere 分布式交换机连接到关联 ESXi 主机的物理网卡，上行链路数是允许每台 ESXi 主机与分布式交换机建立的最大物理连接数。Network I/O Control 持续监控整个网络的 I/O 负载，并动态地分配可用资源，在本任务中选中"已启用"。

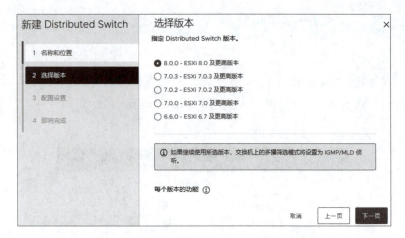

图 4-49　新建 Distributed Switch 界面 3

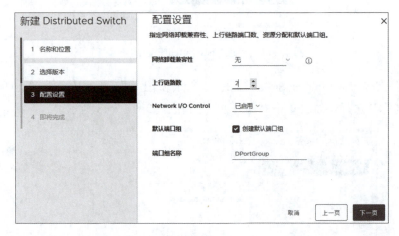

图 4-50　新建 Distributed Switch 界面 4

(5) 在"新建 Distributed Switch"的"即将完成"界面中,检查参数设置是否正确,单击"完成"按钮,如图 4-51 所示。分布式交换机创建完成,完成后需要新建分布式端口组,并添加和管理主机。

图 4-51　新建 Distributed Switch 界面 5

(6)单击 vCenter 导航器中的"网络"图标,可以看到分布式交换机已经创建完成,如图 4-52 所示。

在分布式交换机创建完成后,vCenter Server 会自动创建一个"DPortGroup"和"DSwitch - DVUplinks - 11034"。

2. 创建分布式端口组

(1)右击创建完成的分布式交换机,在快捷菜单中单击"分布式端口组"→"新建分布式端口组…",如图 4-53 所示。

图 4-52 Distributed Switch 创建完成界面

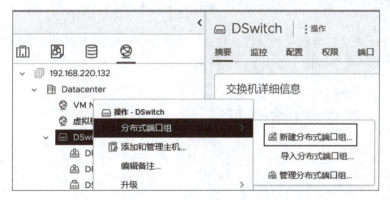

图 4-53 分布式端口组创建界面 1

(2)在"1. 名称和位置"界面中指定分布式端口组的名称和位置。在"名称"右侧的输入栏中输入分布式端口组的名称,单击"下一页"按钮,如图 4-54 所示。

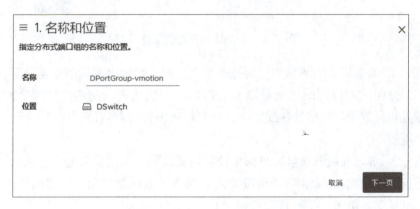

图 4-54 分布式端口组创建界面 2

(3)在"2. 配置设置"界面中设定新端口组的常规属性。在本任务中,所有常规属性均保持默认参数,在"高级"下方勾选"自定义默认策略配置",单击"下一页"按钮,如图 4-55 所示。

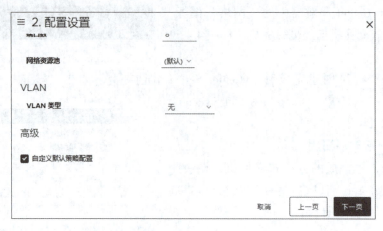

图 4-55 分布式端口组创建界面 3

（4）在"3. 安全"界面中控制混杂模式、MAC 地址更改和伪传输。在本任务中保持默认值，单击"下一页"按钮，如图 4-56 所示。

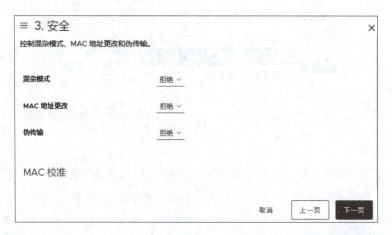

图 4-56 分布式端口组创建界面 4

（5）在"4. 流量调整"界面中控制每个端口上输入和输出流量的平均带宽、峰值带宽和突发大小。分布式端口组的"流量调整"策略可分别用于入站和出站两个方向的流量，可根据实际需要设置流量调整的各配置项，在本任务中保持默认值，单击"下一页"按钮，如图 4-57 所示。

（6）在"5. 绑定和故障切换"界面中控制负载均衡、网络故障检测、通知交换机、故障恢复和上行链路故障切换顺序。"负载均衡"选择"基于物理网卡负载的路由"，其他配置项均保持默认值，单击"下一页"按钮，如图 4-58 所示。

（7）在"6. 监控"界面中控制 NetFlow 配置，选择"禁用"，单击"下一页"按钮，如图 4-59 所示。启用 NetFlow 主要是监控通过分布式端口组的端口或通过单个分布式端口的 IP 数据包。

项目四　服务器虚拟化的基本配置

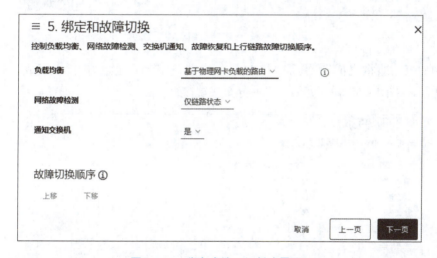

图 4－57　分布式端口组创建界面 5

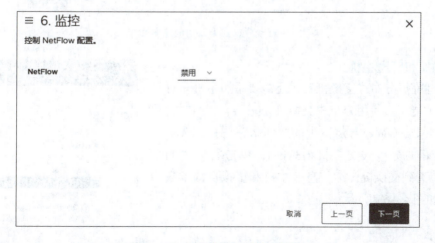

图 4－58　分布式端口组创建界面 6

图 4－59　分布式端口组创建界面 7

(8) 在"7. 其他"界面中控制端口组织配置,在本任务中选择"否",如果选择"是",将阻止该分布式端口组所有端口数据流量通过,这可能会中断正在使用这些端口的主机或虚拟机,单击"下一页"按钮,如图4-60所示。

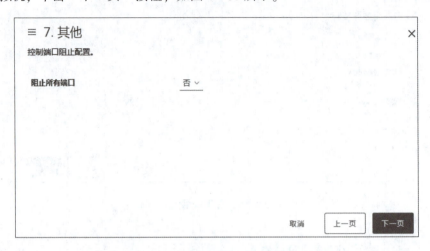

图4-60　分布式端口组创建界面8

(9) 在"8. 即将完成"界面中核对分布式端口组的配置,单击"完成"按钮,如图4-61所示。图4-62所示为创建好的分布式端口组。

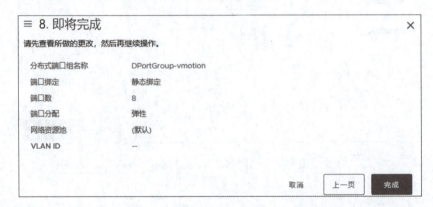

图4-61　分布式端口组创建界面9

3. 添加和管理主机

在创建完成分布式交换机后,还需要添加主机和对应的端口才能正式使用分布式交换机。

(1) 单击vCenter导航器中的"网络"图标,选中已经创建好的分布式交换机DSwitch,单击右侧"摘要",可以看到交换机详细信息,主机和虚拟机的个数均为0,如图4-63所示。

图4-62　分布式端口组创建完成界面

项目四 服务器虚拟化的基本配置

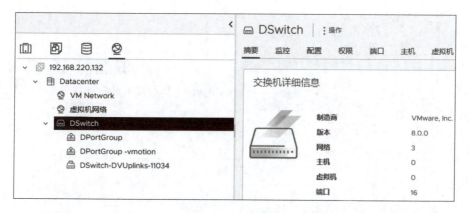

图 4-63 查看分布式交换机详细信息界面

（2）右击分布式交换机 DSwitch，在快捷菜单中，单击"添加和管理主机"，如图 4-64 所示。

图 4-64 添加和管理主机界面 1

（3）在"DSwitch-添加和管理主机"界面中选择对此分布式交换机要执行的任务，选择"添加主机"，单击"下一页"按钮，如图 4-65 所示。

图 4-65 添加和管理主机界面 2

（4）在"2. 选择主机"界面中，选择要添加到此分布式虚拟交换机的主机，单击"下一页"按钮，如图 4-66 所示。在本任务中选中三台主机。

173

图 4-66 添加和管理主机界面 3

（5）在"3. 管理物理适配器"界面中，选中每台主机上空闲的物理网卡，分配"分配上行链路"，本任务中分配 vmnic6 和 vmnic7 为上行链路，单击"下一页"按钮，如图 4-67 所示。

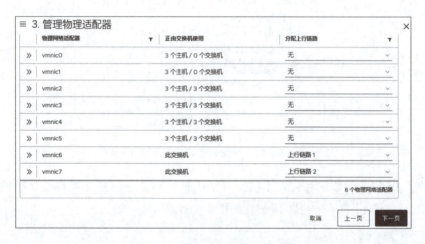

图 4-67 添加和管理主机界面 4

（6）在"4. 管理 VMkernel 适配器"界面中，为 VMkernel 适配器分配端口组，如图 4-68 所示，单击端口组前面的箭头或者后面的"分配端口组"，弹出如图 4-69 所示界面，在该界面为 vmk0 和 vmk1 分配端口组。都分配完后，单击 vmk0 和 vmk1 前面的箭头，能看到分配结果，如图 4-70 所示，单击"下一页"按钮。

此步骤是将 vSwitch2 上的 vmk1 迁移到分布式交换机上并与分布式端口组"DPortGroup - vmotion"关联。

（7）在"5. 迁移虚拟机网络"界面中，选中要迁移到分布式交换机的虚拟机或网络适配器，主要针对的是分布式网络创建前已经存在的虚拟机，需要将其网卡端口组重新进行分配，在本任务中保持默认配置，如图 4-71 所示。

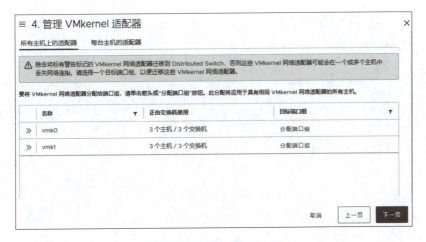

图 4-68　添加和管理主机界面 5

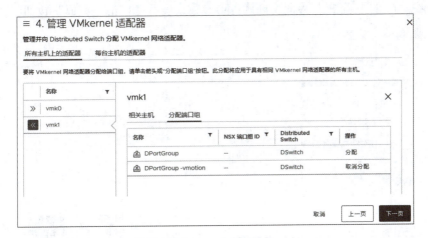

图 4-69　添加和管理主机界面 6

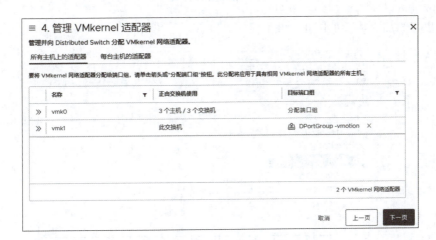

图 4-70　添加和管理主机界面 7

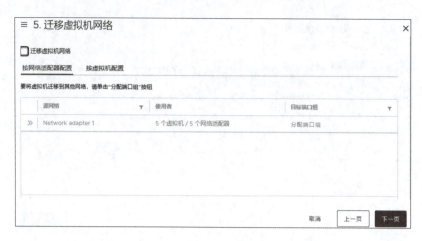

图 4-71　添加和管理主机界面 8

(8) 在 "6. 即将完成" 界面，确认各项参数正确后，单击 "完成" 按钮，如图 4-72 所示。

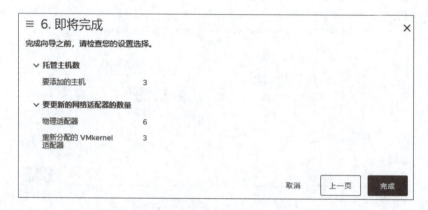

图 4-72　添加和管理主机界面 9

(9) 主机添加完成，如图 4-73 所示。

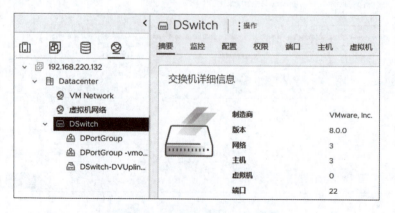

图 4-73　添加和管理主机完成界面

(10) 单击分布式交换机"DSwitch",依次单击"配置"→"设置"→"拓扑",可以看到当前分布式交换机的分布式端口组和上行链路的拓扑情况,如图 4-74 所示。

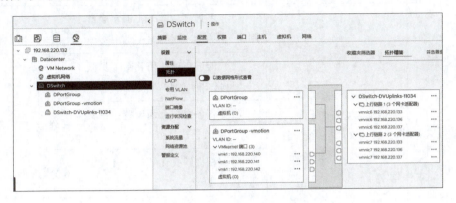

图 4-74 分布式交换机拓扑图

如果需要对主机网络重新设置,可以在图 4-65 中选择"管理主机网络"进行编辑设置。

【任务总结】

本任务完成了 vSphere 标准交换机的创建和配置、网络适配器的管理和 VMkernel 适配器的添加;vSphere 分布式交换机的创建与配置、分布式端口的创建以及主机的添加和管理。

【任务评价】

序号	主要内容	考核要求	评分标准	配分	扣分	得分
1	方案设计	项目规划设计	(1) 网络规划设计符合任务要求	5分		
			(2) 设备配置规划设计符合任务要求	5分		
2	任务实施	(1) 在每台 ESXi 主机创建标准交换机 vSwitch1 并配置 vmk1,用于承载 vMotion、NFS、VR 和 FT 流量; (2) 创建分布式交换机及其分布式端口组,并将 vSwitch1 中的 vmk1 迁移至分布式交换机	(1) 标准交换机正确创建	10分		
			(2) 成功添加承载 vMotion、NFS、VR 和 FT 流量的 VMkernel 适配器	10分		
			(3) 正确创建分布式交换机和分布式端口组,为分布式交换机成功添加 ESXi 主机	20分		
			(4) 成功地将 vSwitch1 中的 vmk1 迁移至分布式交换机	10分		

续表

序号	主要内容	考核要求	评分标准	配分	扣分	得分
3	职业素养	（1）遵守学校纪律，保持实训室整洁干净； （2）文档排版规范； （3）小组独立完成任务	（1）不迟到，遵守实训室规章制度，维护实训室设备	6分		
			（2）能够正确使用截图工具截图，每张图有说明、有图标	6分		
			（3）任务书中页面设置、正文标题、正文格式规范	6分		
			（4）积极解决任务实施过程中遇到的问题	6分		
			（5）同学之间能够积极沟通	6分		
			（6）小组独立完成任务，杜绝抄袭	10分		
备注			合计	100		
小组成员签名						
教师签名						
日期						

任务二　VMware vSphere 存储配置

【任务介绍】

VMware vSphere 存储虚拟化是 vSphere 功能与各种 API 的结合，提供一个抽象层供在虚拟化部署过程中处理、管理和优化物理存储资源之用。本任务主要使用 Windows Server 2019 创建 NFS 存储，使用 Openfiler 搭建 iSCSI 存储服务器。

【任务目标】

（1）掌握 vSphere 支持的存储类型。
（2）掌握 vSphere 支持的存储文件格式。
（3）学会使用 Windows Server 2019 创建 NFS 存储。
（4）学会在 ESX 主机添加 iSCSI 存储服务。

【相关知识】

存储根据服务器类型可以分为封闭系统的存储和开放系统的存储。封闭系统存储主要指大型机；开放系统存储主要指基于 Windows、UNIX、Linux 等操作系统的服务器，分为内置存储和外挂存储，其中，外挂存储包括直连式存储（Direct-Attached Storage，DAS）和网络存储（Fabric – Attached Storage，FAS）。FAS 根据传输协议，又分为网络接入存储（Network – Attached Storage，NAS）和存储区域网络（Storage Area Network，SAN）。

4.4 vSphere 存储介绍

1. 存储设备介绍

1）直连式存储

DAS 是指将存储设备通过 SCSI 接口直接连接到一台服务器上使用。

DAS 购置成本低，配置简单，使用过程和使用本机硬盘并无太大差别，对于服务器的要求，仅仅是一个外接的 SCSI 口，因此，对小型企业很有吸引力。

授课视频：
vSphere 存储介绍

DAS 的不足之处：

（1）服务器本身容易成为系统"瓶颈"，其有专属连接，空间资源无法与其他服务器共享。

直连式存储与服务器主机通常采用 SCSI 连接，带宽为 10 MB/s、20 MB/s、40 MB/s、80 MB/s 等，随着服务器 CPU 的处理能力越来越强，存储硬盘空间越来越大，阵列的硬盘数量越来越多，SCSI 通道将会成为 I/O "瓶颈"；服务器主机 SCSI ID 资源有限，能够建立的 SCSI 通道连接有限。

（2）当服务器发生故障时，数据不可访问。

（3）对于存在多个服务器的系统来说，设备分散，不便管理。同时，多台服务器使用 DAS 时，存储空间不能在服务器之间动态分配，可能造成相当的资源浪费，致使总拥有成本提高。

（4）数据备份操作复杂。

备份到与服务器直连的磁带设备上，硬件失败将导致更高的恢复成本。

2）网络接入存储

NAS 基于标准网络协议实现数据传输，为网络中的 Windows/Linux/macOS 等各种不同操作系统的计算机提供文件共享和数据备份。

NAS 文件系统一般包括两种：NFS（Network File System，网络文件系统）和 CIFS（Common Internet File System，通用 Internet 文件系统）。

NAS 设备直接连接到 TCP/IP 网络上，网络服务器通过 TCP/IP 网络存取管理数据。NAS 作为一种瘦服务器系统，易于管理。同时，由于可以允许客户机不通过服务器直接在 NAS 中存取数据，因此，对服务器来说，可以减少系统开销。

NAS 为异构平台使用统一存储系统提供了解决方案。由于 NAS 只需要在一个基本的磁盘阵列柜外增加一套瘦服务器系统，对硬件要求很低，软件成本也不高，甚至可以使用免费的 Linux 解决方案，成本只比直接附加存储略高。

NAS 存在的主要问题是：

（1）一些应用会占用带宽资源：

由于存储数据通过普通数据网络传输，因此，易受网络上其他流量的影响。当网络上有其他大数据流量时，会严重影响系统性能。

（2）存在安全问题：

由于存储数据通过普通数据网络传输，因此容易产生数据泄露等安全问题。

（3）不适应某些数据库的应用：

存储只能以文件方式访问，而不能像普通文件系统一样直接访问物理数据块，因此会在某些情况下严重影响系统效率，比如大型数据库就不能使用 NAS。

（4）扩展性有限。

3）存储区域网络

SAN 是一种专门为存储建立的独立于 TCP/IP 网络之外的专用网络，由多供应商存储系统、存储管理软件、应用程序服务器和网络硬件组成。

SAN 支持服务器与存储设备之间的直接高速数据传输，并且其基础是一个专用网络，因此具有非常好的扩展性。同时，SAN 支持服务器集群技术，性能比较高。通过 SAN 接口的磁带机，SAN 系统可以方便、高效地实现数据的集中备份。

SAN 作为一种新兴的存储方式，是未来存储技术的发展方向，但是，它也存在一些缺点：

（1）成本较高：

不论是 SAN 阵列柜还是 SAN 必需的光纤通道交换机，价格都是十分高的，即使是服务器上使用的光通道卡，其价格也是不容易被小型商业企业所接受的。

（2）SAN 孤岛：

需要单独建立光纤网络，异地扩展比较困难。

（3）技术较为复杂：

需要专业的技术人员维护。

4）小型计算机系统接口

iSCSI（internet Small Computer System Interface，小型计算机系统接口）是一种基于 TCP/IP 的协议，用来建立和管理 IP 存储设备、主机和客户机等之间的相互连接，并创建存储区域网络（SAN）。SAN 使得 SCSI 协议应用于高速数据传输网络成为可能。使用专门的存储区域网成本很高，而利用普通的数据网来传输 iSCSI 数据，实现和 SAN 相似的功能可以大大降低成本，同时提高系统的灵活性。

iSCSI 主要包含 iSCSI 地址和命名规则、iSCSI 会话管理、iSCSI 差错处理和安全性四部分。

iSCSI 目前存在的主要问题是：

（1）新兴的技术，提供完整解决方案的厂商较少，对管理者技术要求高。

（2）通过普通网卡存取 iSCSI 数据时，解码成 SCSI 需要 CPU 进行运算，增加了系统性能开销。如果采用专门的 iSCSI 网卡，虽然可以减少系统性能开销，但会大大增加成本。

（3）使用数据网络进行存取，存取速度冗余受网络运行状况的影响。

2. vSphere 存储介绍

VMware vSphere 存储虚拟化是 vSphere 功能与各种 API 的结合，提供一个抽象层供在虚拟化部署过程中处理、管理和优化物理存储资源之用。

(1) 存储虚拟化技术提供可从根本上更有效管理虚拟基础架构的存储资源的方法。
(2) 大幅提高存储资源利用率和灵活性。
(3) 无论采用何种存储拓扑，均可简化操作系统修补过程并减少驱动程序要求。
(4) 增加应用的正常运行时间并简化日常操作。
(5) 充分利用并完善现有的存储基础架构。

1) ESXi 支持的物理存储类型

ESXi 支持本地存储和联网存储。

(1) 本地存储。

本地存储可以是位于 ESXi 主机内部的硬盘，也可以是位于主机之外并通过 SAS 或 SATA 等协议直接连接主机的外部存储系统，不需要存储网络即可与主机进行通信。

本地存储不支持在多个主机之间共享。只有一个主机可以访问本地存储设备上的数据存储。因此，虽然可以使用本地存储创建虚拟机，但无法使用需要共享存储的 VMware 功能，如 HA 和 vMotion。

(2) 联网存储。

联网存储由 ESXi 主机用于远程存储虚拟机文件的外部存储系统组成。通常，主机通过高速存储网络访问这些系统。

①光纤通道（FC）。

在 FC 存储区域网络（SAN）上远程存储虚拟机文件。FC SAN 是一种将主机连接到高性能存储设备的专用高速网络。网络使用光纤通道协议将 SCSI 或 NVMe 流量从虚拟机传输到 FC SAN 设备。

②iSCSI。

在远程 iSCSI 存储设备上存储虚拟机文件。iSCSI 将 SCSI 存储流量打包在 TCP/IP 协议中，使其通过标准 TCP/IP 网络（而不是专用 FC 网络）传输。通过 iSCSI 连接，主机可以充当与位于远程 iSCSI 存储系统的目标进行通信的启动器。

③网络附加存储（NAS）。

在通过标准 TCP/IP 网络访问的远程文件服务器上存储虚拟机文件。ESXi 中内置的 NFS 客户端使用网络文件系统（NFS）协议第 3 版和第 4.1 版来与 NAS/NFS 服务器进行通信。为了进行网络连接，主机需要一个标准的网络适配器。可以直接在 ESXi 主机上挂载 NFS 卷。然后使用 NFS 数据存储来存储和管理虚拟机，这与使用 VMFS 数据存储的方式相同。

NFS 存储描述了使用 NFS 数据存储来存储其文件的虚拟机。在此配置中，主机连接到 NAS 服务器，此服务器通过常规网络适配器存储虚拟磁盘文件。

不同类型存储支持的 vSphere 功能比较见表 4-1。

表 4-1　不同类型存储支持的 vSphere 功能

存储类型	引导虚拟机	vMotion	数据存储	RDM	虚拟机集群	VMware HA 和 DRS	Storage API – Data Protection
本地存储	是	否	VMFS	否	是	否	是
光纤通道	是	是	VMFS	是	是	是	是
iSCSI	是	是	VMFS	是	是	是	是
NFS 上的 NAS	是	是	NFS 3 和 NFS 4.1	否	否	是	是

2）vSphere 支持的存储文件格式

（1）VMFS（VMware 文件系统）。

VMware Virtual Machine File System，简称 VMFS，是一种高性能的集群文件系统。它使虚拟化技术的应用超出了单个系统的限制。VMFS 的设计、构建和优化针对虚拟服务器环境，可让多个虚拟机共同访问一个整合的集群式存储池，从而显著提高资源利用率。VMFS 是跨越多个服务器实现虚拟化的基础，可以使用 vMotion、DRS、HA 等高级特性。VMFS 还能显著减少管理开销，它提供了一种高效的虚拟化管理层，特别适合大型企业数据中心。采用 VMFS 可实现资源共享，使管理员轻松地从高效率和存储利用率中直接获益。

（2）NFS（网络文件系统）。

Network File System，简称 NFS，即网络文件系统。NFS 是 FreeBSD 支持的文件系统中的一种，允许一个系统在网络上与他人共享目录文件。通过使用 NFS，用户和程序可以像访问本地文件一样访问远端系统上的文件。

（3）裸磁盘映射（RDM）。

裸磁盘映射（Raw Device Mapping，RDM）是独立 VMFS 卷中的映射文件，它可充当裸物理存储设备的代理运行，包含用于管理和重定向对物理设备进行磁盘访问的元数据。在 ESXi 主机上的虚拟机以 VMFS 文件方式存于存储上，由 VMFS 文件系统划出一个名为 VMDK 的文件作为虚拟硬盘。日常对虚拟机硬盘的读写操作都由系统进行转换，因此，在时间上存在一定的延时。VMDK 虚拟硬盘在海量数据进行读写时，会产生严重的"瓶颈"。RDM 模式解决了由于使用虚拟硬盘而造成的海量数据。RDM 允许虚拟机直接访问和使用存储设备，不再经过虚拟硬盘进行转换，这样就不存在延时问题，读写的效率取决于存储的性能。

RDM 有两种可用兼容模式：虚拟兼容模式允许 RDM 的功能与虚拟磁盘文件完全相同，包括使用快照；对于需要较低级别控制的应用程序，物理兼容模式允许直接访问 SCSI 设备。

【任务实施】

4.5 配置 vSphere 存储

1. 安装配置 NFS 存储服务

本任务使用 VMware Workstation 创建一台 Windows Server 2019 虚拟机，搭建 NFS 外部存储，3 台 ESXi 主机都能访问到 NFS 共享存储。

第一步：安装 Windows Server 2019 虚拟机。

在微软网站下载 Windows Server 2019 的安装介质试用版本。在 VMware Workstation 中安装一台 Windows Server 2019 的虚拟机，网络设置为 NAT 模式，IP 地址设置为 192.168.220.150，硬盘为 200 GB，安装过程可参考项目一任务二，这里不再赘述。

授课视频：配置 vSphere 存储

第二步：安装配置 NFS 存储服务。

1）安装 NFS 服务

（1）打开 Windows Server 2019 的服务器管理器，单击"添加角色和功能"，如图 4-75 所示。

操作视频：安装配置 NFS 存储服务

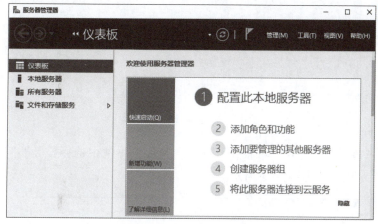

图 4-75 安装 NFS 界面 1

（2）在"添加角色和功能向导"的"开始之前"界面中，保持默认，单击"下一页"按钮，如图 4-76 所示。

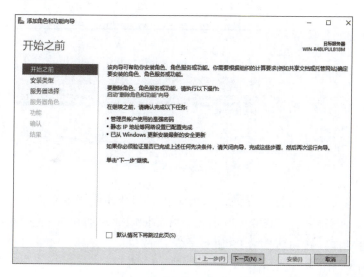

图 4-76 安装 NFS 界面 2

(3) 在"选择安装类型"界面中，勾选"基于角色或基于功能的安装"，单击"下一页"按钮，如图 4-77 所示。

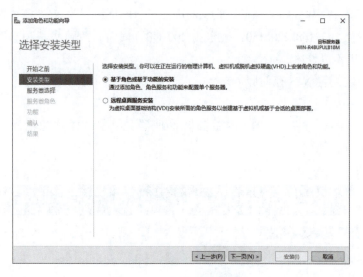

图 4-77　安装 NFS 界面 3

(4) 在"选择目标服务器"界面中，勾选"从服务器池中选择服务器"，选择本主机，单击"下一页"按钮，如图 4-78 所示。

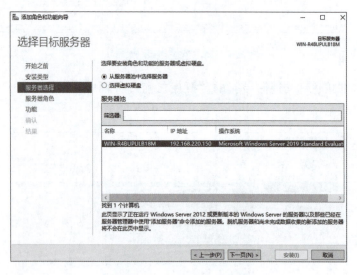

图 4-78　安装 NFS 界面 4

(5) 在"选择服务器角色"界面，依次展开"文件和存储服务"→"文件和 iSCSI 服务"，勾选"NFS 服务器"，如图 4-79 所示，弹出询问"添加 NFS 服务器所需的功能？"界面，单击"添加功能"按钮后，"NFS 服务器"已被勾选，单击"下一页"按钮继续安装，如图 4-80 和图 4-81 所示。

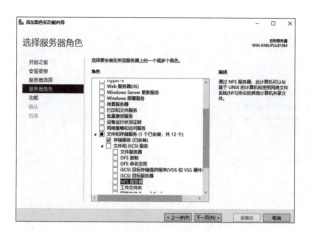

图 4–79　安装 NFS 界面 5　　　　　图 4–80　安装 NFS 界面 6

图 4–81　安装 NFS 界面 7

（6）在"选择功能"界面，本任务中保持默认，单击"下一页"按钮，如图 4–82 所示。

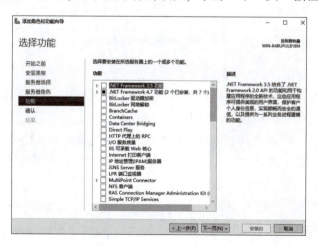

图 4–82　安装 NFS 界面 8

(7) 在"确认安装所选内容"界面，核对需要安装的内容，确认无误后，单击"安装"按钮，如图 4-83 所示。

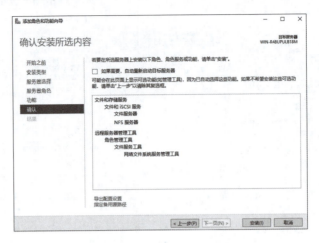

图 4-83　安装 NFS 界面 9

(8) 在"安装进度"界面，安装完成后，单击"关闭"按钮即可，如图 4-84 所示。

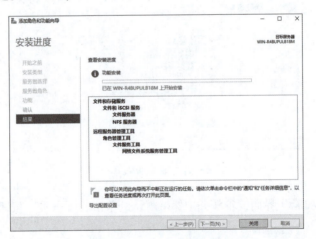

图 4-84　安装 NFS 界面 10

2) 配置 NFS 服务

(1) 打开 Windows Server 2019 的服务器管理器，依次单击"文件和存储服务"→"共享"，进入系统 NFS 共享服务配置，如图 4-85 所示。

(2) 在图 4-85 中单击"若要创建文件共享，请启动新加共享向导"，弹出"选择配置文件"界面。在该界面中选择"NFS 共享-快速"，单击"下一页"按钮继续配置 NFS 服务，如图 4-86 所示。

(3) 在"共享位置"界面，选中"按卷选择"，选择需要共享的卷信息，单击"下一页"按钮继续配置 NFS 服务，如图 4-87 所示。

项目四　服务器虚拟化的基本配置

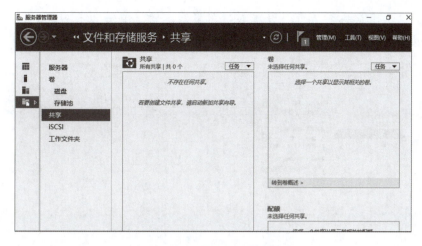

图 4-85　配置 NFS 服务界面 1

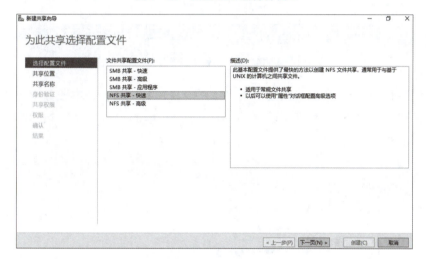

图 4-86　配置 NFS 服务界面 2

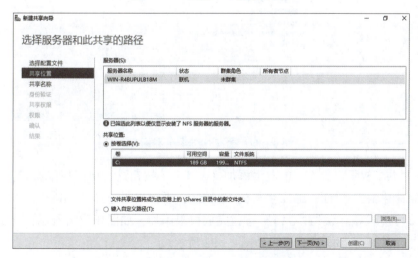

图 4-87　配置 NFS 服务界面 3

(4) 在"共享名称"界面，设置 NFS 的共享名称，单击"下一页"按钮继续配置 NFS 服务，如图 4-88 所示。

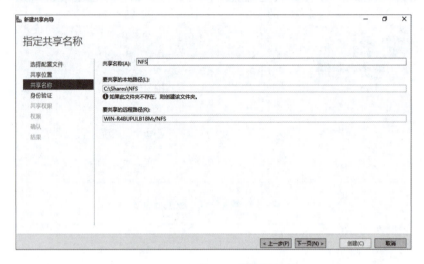

图 4-88　配置 NFS 服务界面 4

(5) 在"身份验证"界面，指定 NFS 共享的身份验证方法，在本任务中选择"无服务器身份验证"模式，设置"允许未映射的用户访问"，单击"下一页"按钮继续配置 NFS 服务，如图 4-89 所示。

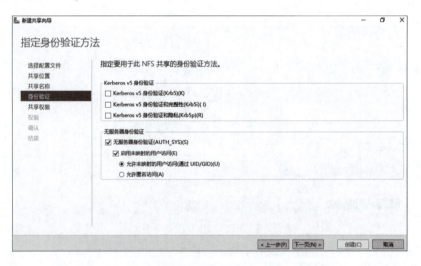

图 4-89　配置 NFS 服务界面 5

(6) 在"共享权限"界面，单击"添加（A）…"按钮进行访问权限设置，如图 4-90 所示；在"添加权限"界面，输入主机的 IP 地址，语言编码选择"GB2312-80"，共享权限选择"读/写"，单击"添加（A）"按钮完成权限添加，如图 4-91 所示；在本任务中将三台 ESXi 主机 IP 地址都添加完成，如图 4-92 所示。

项目四　服务器虚拟化的基本配置

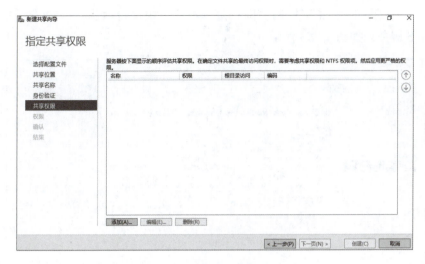

图 4-90　配置 NFS 服务界面 6

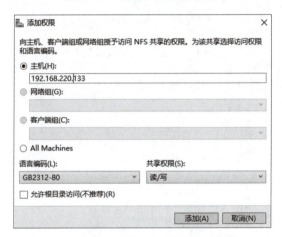

图 4-91　配置 NFS 服务界面 7

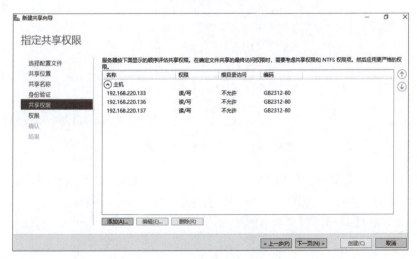

图 4-92　配置 NFS 服务界面 8

(7) 在"权限"界面指定控制访问权限,本任务中保持默认,单击"下一页"按钮继续配置 NFS 服务,如图 4-93 所示。

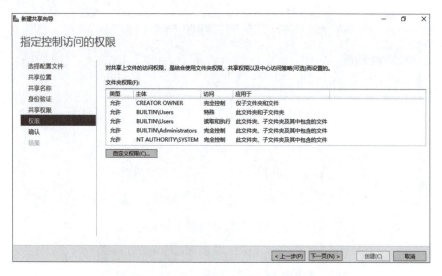

图 4-93　配置 NFS 服务界面 9

(8) 在"确认"界面确认每一项设置是否正确,确认无误后,单击"创建"按钮开始创建 NFS 共享服务,如图 4-94 所示。

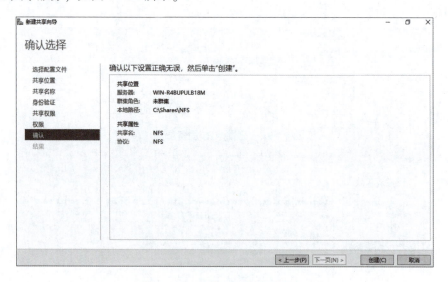

图 4-94　配置 NFS 服务界面 10

(9) 在"结果"界面查看创建 NFS 共享和设置 NFS 权限的进度,界面显示"已成功创建共享"后,单击"关闭"按钮完成 NFS 服务创建,如图 4-95 所示。

(10) 图 4-96 所示为已创建的 NFS 共享。

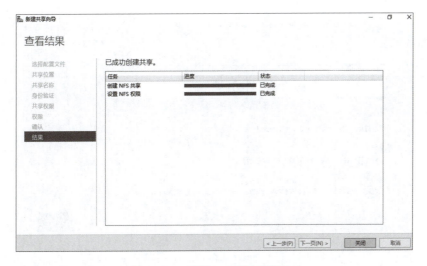

图 4-95　配置 NFS 服务界面 11

图 4-96　配置 NFS 服务界面 12

3）在 vCenter 上添加 NFS 存储服务

（1）使用 vSphere Client 登录到 vCenter 管理界面，右击数据中心的名字，在出现的快捷菜单中依次单击"存储"→"新建数据存储…"，进入新建数据存储界面，如图 4-97 所示。

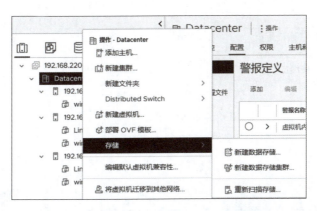

图 4-97　在 vCenter 上添加 NFS 存储服务界面 1

(2) 在"1. 类型"界面指定数据存储类型,选中"NFS",单击"下一页"按钮,如图 4-98 所示。

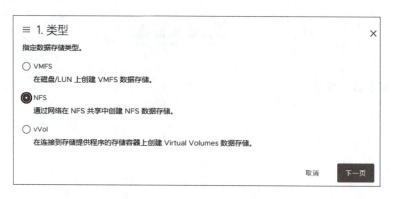

图 4-98　在 vCenter 上添加 NFS 存储服务界面 2

(3) 在"2. NFS 版本"界面选择 NFS 版本,选择"NFS 3"版本,单击"下一页"按钮,如图 4-99 所示。

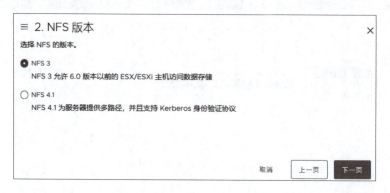

图 4-99　在 vCenter 上添加 NFS 存储服务界面 3

(4) 在"3. 名称和配置"界面,输入数据存储名称"Datastore-NFS"、文件夹名称"NFS"、服务器地址"192.168.220.150"。设置完成后,单击"下一页"按钮,如图 4-100 所示。

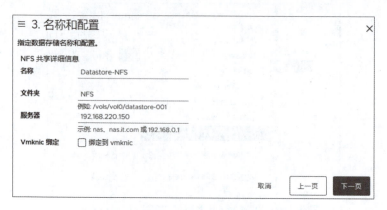

图 4-100　在 vCenter 上添加 NFS 存储服务界面 4

(5) 在"4. 主机可访问性"界面,选择需要访问数据存储的主机,单击"下一页"按钮,如图 4 – 101 所示。

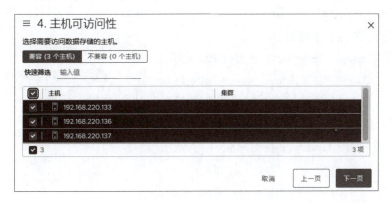

图 4 – 101　在 vCenter 上添加 NFS 存储服务界面 5

(6) 在"5. 即将完成"界面,核对"NFS 版本""名称和配置""主机可访问性"信息,核对无误后,单击"完成"按钮,如图 4 – 102 所示。

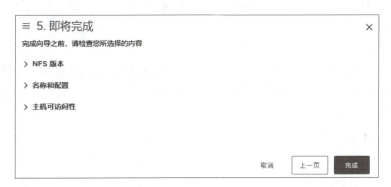

图 4 – 102　在 vCenter 上添加 NFS 存储服务界面 6

(7) 在"vSphere Client"界面,导航到数据存储界面,能够查看到新添加的 NFS 存储信息,表明 NFS 存储已配置成功,如图 4 – 103 所示。

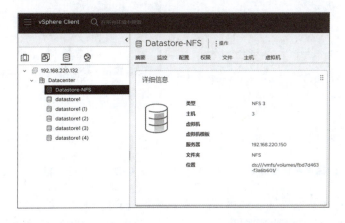

图 4 – 103　在 vCenter 上添加 NFS 存储服务界面 7

(8) 若后期需要给其他主机也添加 NFS 存储，可以右击 NFS 存储的名称，在快捷菜单中选择"将数据存储挂载至其他主机"，如图 4-104 所示。

2. 安装配置 iSCSI 存储服务

可以使用 Windows Server 2019 创建 iSCSI 存储，其创建过程可以参考使用 Windows Server 2019 创建 NFS 的过程，在 ESXi 上添加 iSCSI 存储服务的过程可以参考本任务。

在本任务中使用 Openfiler 搭建 iSCSI 存储服务器。

Openfiler 是一个操作系统，由 rPath Linux 驱动，提供基于文件的网络附加存储（NAS）和基于块的存储区域网络（SAN）功能。Openfiler 支持 NFS、SMB/CIFS、HTTP/WebDAV、FTP 和 SCSI 等网络协议。介质下载地址是 https://www.openfiler.com/community/download。

图 4-104　在 vCenter 上添加 NFS 存储服务界面 8

1）安装 Openfiler

（1）打开 VMware Workstation，创建虚拟机，在"选择客户机操作系统"界面选择"Linux"，版本选择"Ubuntu"，创建完成后，增加两块 50 GB 硬盘，如图 4-105~图 4-107 所示。

（2）使用 Openfiler 安装光盘启动计算机，显示选择 Openfiler 安装模式界面。Openfiler 安装程序有图形和文本两种安装模式，在这里按 Enter 键，选择图形安装模式。

操作视频：安装配置 iSCSI 存储服务

图 4-105　"选择客户机操作系统"界面

图 4-106　"已准备好创建虚拟机"界面

（3）在 Openfiler 欢迎界面，单击"Next"按钮，如图 4-108 所示。

（4）Keyboard 键盘布局默认选择 U. S. English，单击"Next"按钮继续安装，如图 4-109

所示。

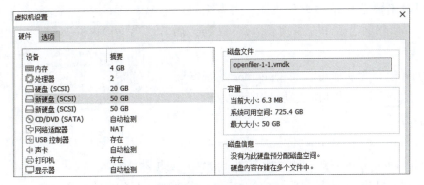

图 4-107 增加硬盘界面

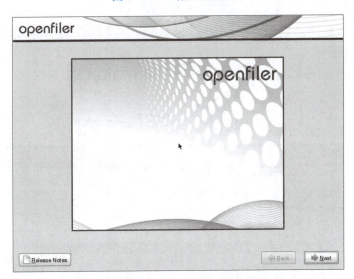

图 4-108 Openfiler 欢迎界面

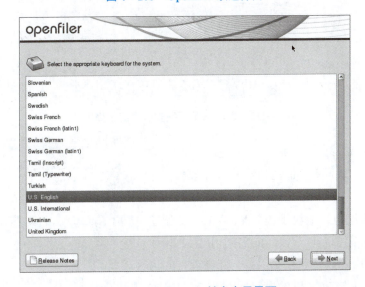

图 4-109 Keyboard 键盘布局界面

(5) 在"Warning"信息框，单击"Yes"按钮，确认初始化硬盘并删除所有数据。因为主机中有 3 块硬盘，所以共需要单击 3 次"Yes"按钮，如图 4-110 所示。

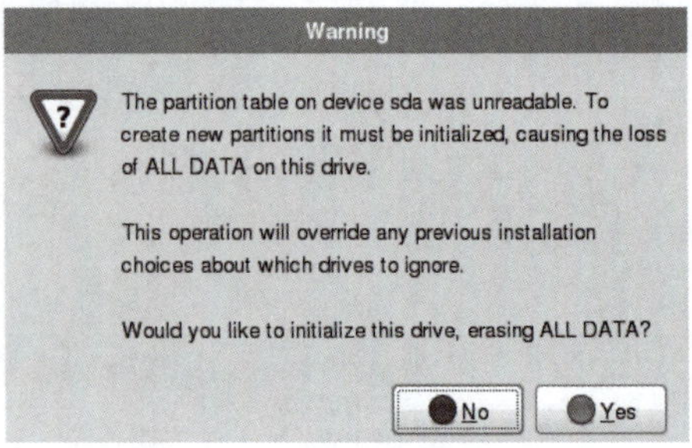

(6) 主机中有 3 块硬盘，将 Openfiler 系统安装到第 1 块硬盘 sda 上，其他两块硬盘作为共享盘，如图 4-111 所示。

图 4-110　警告界面

选择 Remove all partitions on selected drives and create default layout 分区方式，删除所有硬盘分区并创建默认分区。

在 Select the drive(s) to use for this installation 列表中，只勾选第 1 块硬盘 sda，将 Openfiler 系统安装到这里。

在 What drive would you like to boot this installation from 列表中，选择第 1 块硬盘 sda，将引导程序安装到这里。

勾选"Review and modify partitioning layout"，查看和编辑默认分区。

选择完成后，单击"Next"按钮继续。

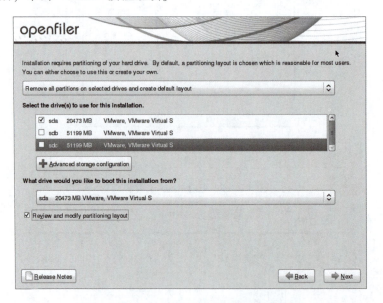

图 4-111　Openfiler 系统安装硬盘选择界面

(7) 在"Warning"信息框，单击"Yes"按钮，确认删除第 1 块硬盘 sda 的所有分区和数据，如图 4-112 所示。

(8) 安装程序为第 1 块硬盘 /dev/sda 自动创建默认分区，分别有 /boot、/、swap 三个分区，其他 2 块硬盘的空间均未被分区和使用，全部磁盘空间为 Free。并不需要去修改这里的默认分区状态，单击

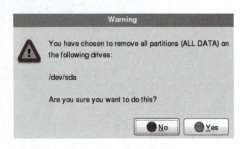

图 4-112　警告界面

"Next"按钮继续,如图 4-113 所示。

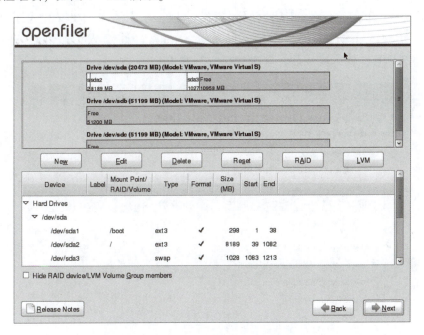

图 4-113　Openfiler 系统安装界面

（9）设置 Openfiler 服务器 IP 地址。在"Network Devices"列表中,选择第 1 块网卡 eth0,并单击"Edit"按钮,如图 4-114 所示,打开编辑窗口。

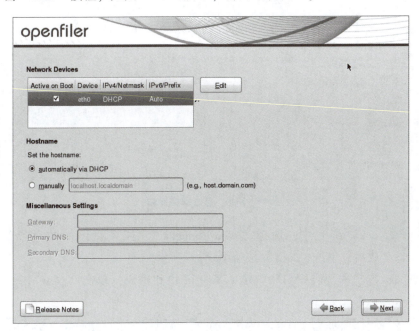

图 4-114　设置 Openfiler 服务器 IP 地址界面

（10）在网卡的编辑窗口中,选择"Manual configuration"方式,输入 IP Address、Prefix

（Netmask）内容，如图 4-115 所示。

输入完成后，单击"OK"按钮返回到图 4-114，在该图中，在安装程序自动选择的"manually"处输入主机名；在"Miscellaneous Settings"处输入 Gateway、Primary DNS、Secondary DNS 内容，输入完成后，单击"Next"按钮继续。

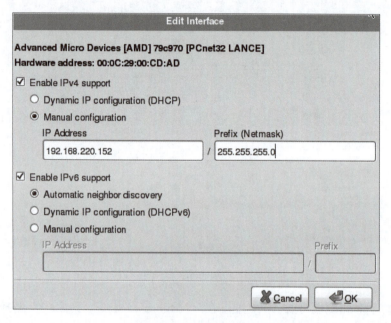

图 4-115　网卡编辑界面

（11）在时间区域窗口中，勾选"System clock uses UTC"项，如图 4-116 所示。

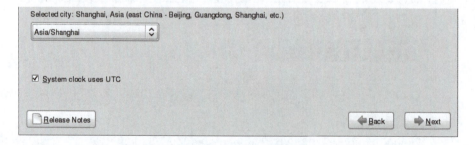

图 4-116　地区设置界面

在"Selected city"列表中，选择"Asia/Shanghai"，或者在上面的世界地图中选择 Shanghai。操作完成后，单击"Next"按钮继续。

（12）在 root 账户和密码窗口中，输入 root 账户和密码，单击"Next"按钮继续，如图 4-117 所示。

（13）安装程序配置向导已结束，单击"Next"按钮开始安装 Openfiler 系统，如图 4-118 所示。

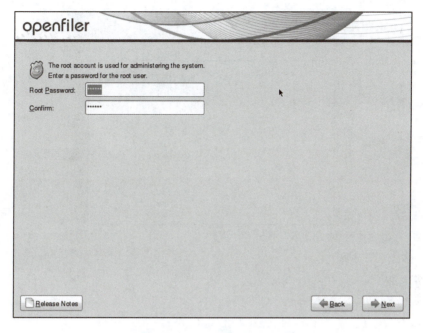

图 4–117　root 密码设置界面

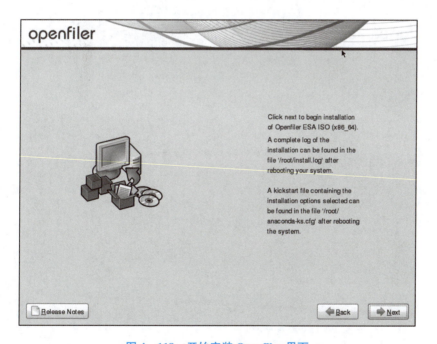

图 4–118　开始安装 Openfiler 界面

（14）图 4–119 正在格式化文件系统，当进度条达到 100% 后，单击"Next"按钮继续。

（15）安装已完成，单击"Reboot"按钮，重启虚拟机，如图 4–120 所示。

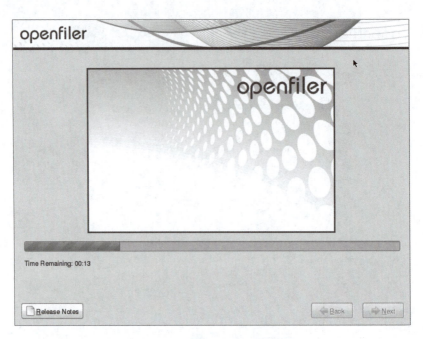

图 4-119　格式化文件系统界面

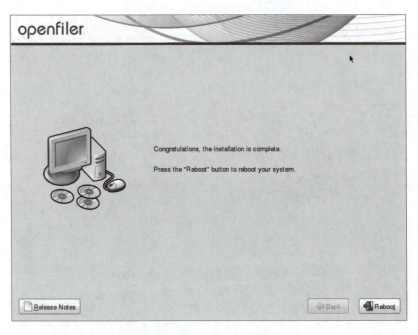

图 4-120　重启 Operfiler 系统界面

（16）启动完成后，显示 Openfiler ESA 文本登录界面，如图 4-121 所示。可以通过 IE 浏览器访问 Openfiler 网页管理界面。

项目四　服务器虚拟化的基本配置

图 4-121　Openfiler ESA 启动成功界面

如果设置的 IP 地址出现错误，输入用户名 root 和密码后，在命令符后输入 vim /etc/sysconfig/network-scripts/ifcfg-eth0 对 IP 地址进行更改，如图 4-122 所示。

图 4-122　IP 地址更改设置 1

在图 4-123 中，首先输入"i"编辑网络文件，在网络文件中将 IP 地址修改为 192.168.220.158，完成后按 Esc 键，输入":wq"保存网络文件。在命令行输入"reboot"命令，重启 Openfiler 系统。在 Openfiler ESA 文本登录界面显示 Openfiler 网页管理界面地址已由 192.168.220.152 修改为 192.168.220.158，如图 4-124 所示。

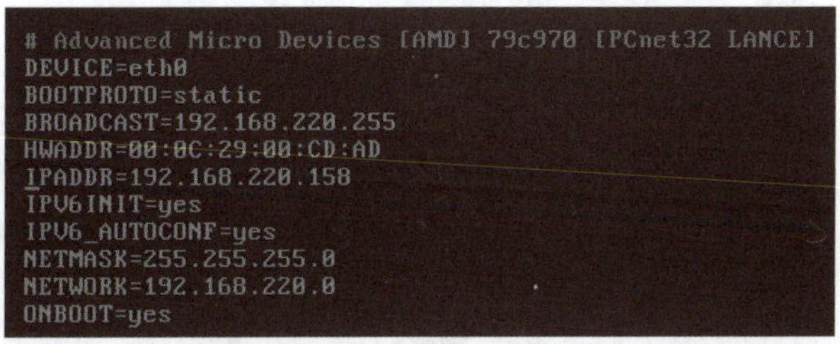

图 4-123　IP 地址更改设置 2

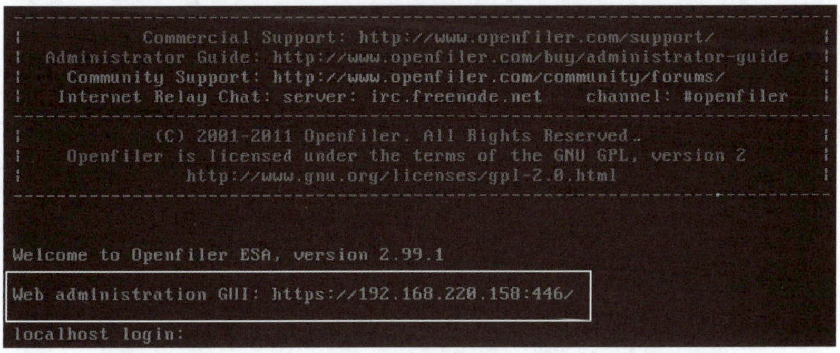

图 4-124　修改 IP 地址后的 Openfiler ESA 启动成功界面

201

2）配置 Openfiler

（1）使用 Firefox 或 IE 浏览器登录 Openfiler 系统。在地址栏中输入 https://192.168.220.158：446，进入登录界面，在"Username："和"Password："右侧输入框中输入 Openfiler 系统默认的初始密码（用户名：openfiler，密码：password），单击"Log In"按钮登录，如图 4 – 125 所示。

图 4 – 125　Openfiler 登录界面

（2）登录后，进入 Openfiler 网页管理界面。在管理界面中，共有 8 项配置：Status、System、Volumes、Cluster、Quota、Shares、Services、Accounts，如图 4 – 126 所示。

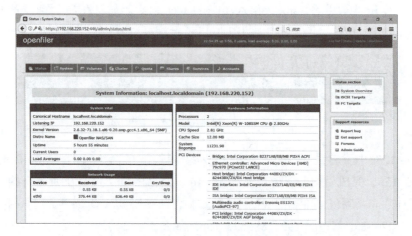

图 4 – 126　Openfiler 网页管理界面

（3）依次单击"Volumes"选项卡→"Volume Groups"选项，在"Volume Group Management"下面没有任何卷信息，如图 4 – 127 所示。下面将创建卷组。

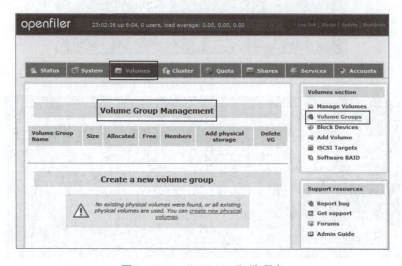

图 4 – 127　"Volumes"选项卡

(4) 依次单击"Volumes"选项卡→"Block Devices"选项卡,查看系统的硬件信息,此时可以看到有三块虚拟硬盘,分别为/dev/sda、/dev/sdb 和/dev/sdc,如图 4-128 所示。

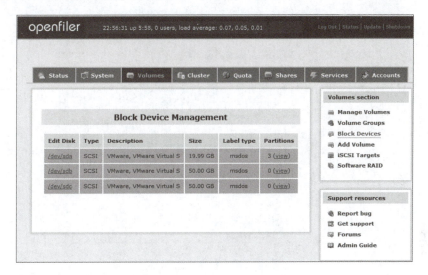

图 4-128　系统硬件信息界面

(5) 创建 Primary Volume。/dev/sda 已经安装 Openfiler 系统,将/dev/sdb、/dev/sdc 组合成一个新的卷组,单击图 4-128 中的"/dev/sdb",打开创建分区的界面,如图 4-129 所示。在该界面中,"Mode"选择"Primary","Partition Type"(分区类型)选择"Physical volume"(物理卷),其他参数值默认,单击"Create"按钮。回到"Block Devices"界面,重复上面的步骤可以将/dev/sdc 也创建成 Primary Volume。

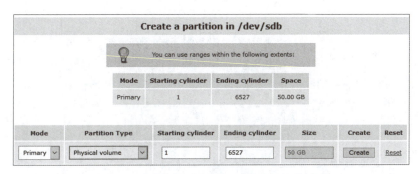

图 4-129　创建新卷界面

(6) 将 PV 组合成 VG。依次单击"Volumes"选项卡→"Volume Groups"选项,此时可以将已创建的两个 PV 合并为一个 VG。在"Create a new volume group"界面输入卷组的名称"iSCSI-1",勾选需要加入卷组的硬盘,单击"Add volume group"按钮,如图 4-130 所示。

(7) 卷组创建完成,如图 4-131 所示,容量为 95.31 GB。

3) 创建 iSCSI 逻辑卷

(1) 开启 iSCSI Target Server 功能。单击"Services"选项卡,查看 Openfiler 服务运行状

态,默认情况下,Openfiler 的 iSCSI Target 是 Disable,单击"Enable"打开服务,当前状态应为"Running",如图 4-132 所示。

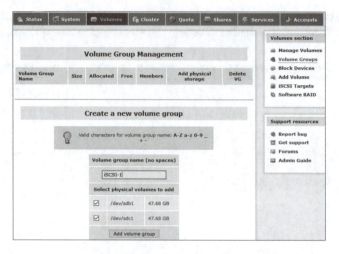

图 4-130 创建卷组界面

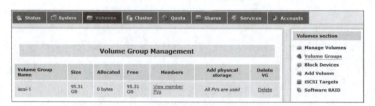

图 4-131 创建卷组成功界面

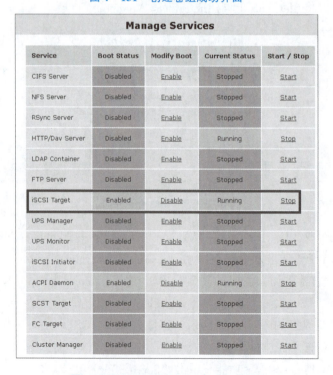

图 4-132 iSCSI Target 为"Enable"

(2)创建 iSCSI 逻辑分区。依次单击"Volumes"选项卡→"Add Volume"选项,在创建新卷的界面上输入卷的名称"iSCSI-1",空间大小为 97 600 MB,文件系统选择"block(iSCSI,FC,etc)",单击"Create"按钮,如图 4-133 所示。

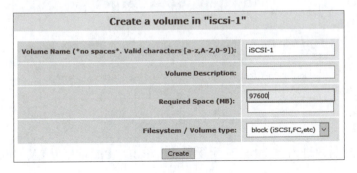

图 4-133 创建新卷界面

(3)iSCSI 逻辑分区创建完成,单击"Manage Volumes",可以看到新创建的卷的详细信息,同时也能对该卷进行编辑,如图 4-134 所示。

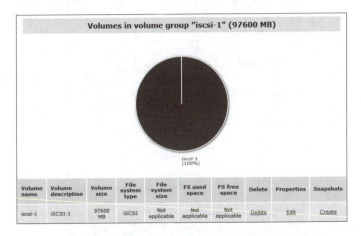

图 4-134 新卷创建成功界面

(4)配置 Openfiler 网络。单击"System"选项卡,配置网络访问,允许"192.168.220.0/255.255.255.0"网段访问 Openfiler 存储,单击"Update"按钮,如图 4-135 所示。

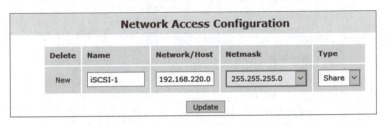

图 4-135 配置 Openfiler 网络访问界面

(5) 配置 Openfiler iSCSI 目标。依次单击"Volumes"选项卡→"iSCSI Targets"选项,进入 iSCSI Target 设置界面,单击"Add"按钮,如图 4-136 所示。

图 4-136　iSCSI Target 设置界面

(6) 添加完成后,进入 iSCSI 选项配置界面,单击"Update"按钮,如图 4-137 所示。

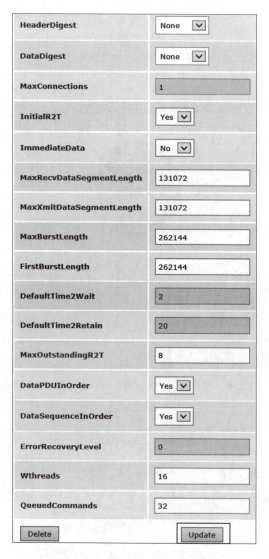

图 4-137　iSCSI 选项配置界面

(7) 选择"LUN Mapping",将创建的卷映射出去,单击"Map"按钮,如图 4-138 所示。

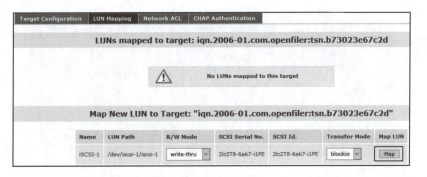

图 4-138 卷映射界面

(8) 映射完成,如图 4-139 所示。

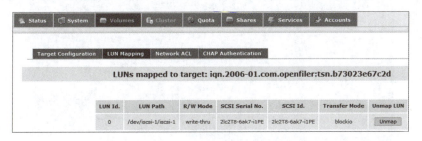

图 4-139 映射完成界面

(9) 单击"Network ACL"选项卡,将 Access 改成 Allow,单击"Update"按钮,如图 4-140 所示。

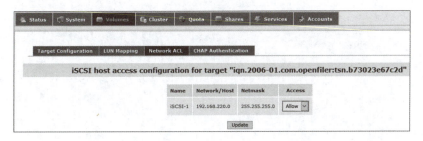

图 4-140 修改 Network ACL 界面

4) 在 ESXi 主机上添加 iSCSI 存储服务

(1) 使用 vSphere Client 登录 ESXi(192.168.220.137)主机,依次单击"存储"→"数据存储",此时可以看到 ESXi(192.168.128.137)主机的存储设备,如图 4-141 所示。

(2) 单击"适配器",查看 ESXi(192.168.128.137)主机的存储适配器,如图 4-142 所示。

(3) 单击图 4-142 中的"软件 iSCSI",在弹出的界面中选择"已启用"。在动态目标中，单击"添加动态目标"，写入 Openfiler 的 IP 地址，端口默认为 3260，单击"保存配置"按钮，如图 4-143 所示，此时无静态目标。

图 4-141　查看 ESXi 主机存储设备界面

图 4-142　查看 ESXi 主机的存储适配器界面

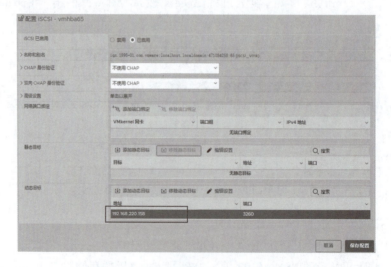

图 4-143　配置 iSCS - vmhba65 界面

（4）在图 4-144 中单击"重新扫描"，扫描完成后，可以看到新增加的 iSCSI 适配器 vmhba65。单击"软件 iSCSI"选项，在"配置 iSCSI - vmhba65"界面已显示静态目标，如图 4-145 所示。

图 4-144 新增加的软件 iSCSI 适配器界面

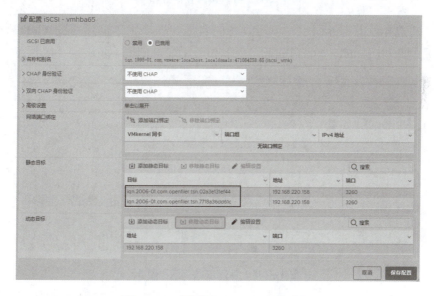

图 4-145 配置 iSCS - vmhba65 界面

(5) 在"ESXi Host Client"界面,依次单击"存储"→"数据存储"→"新建数据存储",开始新建数据存储,如图 4-146 所示。

图 4-146 新建数据存储界面 1

(6) 在弹出的"选择创建类型"界面中选择创建类型,单击"下一页"按钮,如图 4-147 所示。

图 4 – 147　新建数据存储界面 2

（7）在"选择设备"界面中，填写设备的名称并选择用于创建新的 VMFS 数据存储，这里选择新增加的 Openfiler iSCSI 磁盘，单击"下一页"按钮，如图 4 – 148 所示。

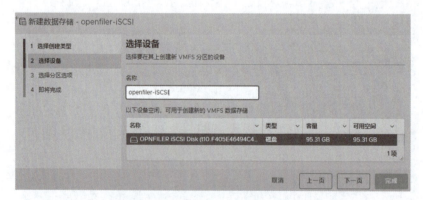

图 4 – 148　新建数据存储界面 3

（8）在"选择分区选项"界面中，填入使用的磁盘，单击"下一页"按钮，如图 4 – 149 所示。

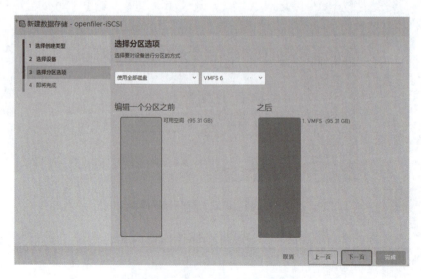

图 4 – 149　新建数据存储界面 4

(9) 在图 4-150 中,新创建的数据存储即将完成,在该界面中可以看到新建存储的名称、使用的空闲磁盘的名称、磁盘的大小以及 VMFS 的版本,单击 "完成" 按钮。

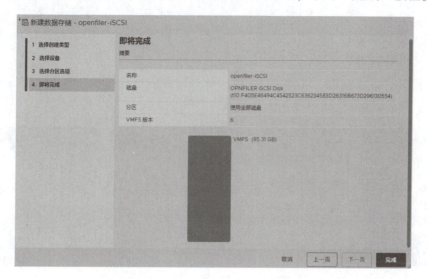

图 4-150 新建数据存储界面 5

(10) 将空闲磁盘创建为新磁盘,系统会提示 "将清除此磁盘上的全部内容并替换为指定配置,是否确定?",单击 "是" 按钮继续,如图 4-151 所示。

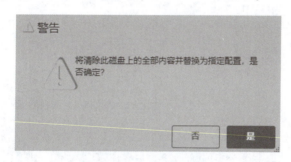

图 4-151 系统警告界面

(11) 添加成功,选择 "存储" → "数据存储",可以看到新添加的存储设备信息,如图 4-152 所示。将 Openfiler 作为外部存储已成功添加到 ESXi 中,可以使用该存储。

图 4-152 新添加的存储设备信息界面

使用上述方法，可以为其他 ESXi 主机添加 iSCSI 存储服务。

注：如果使用过程中存储容量不满足生产需求，可以按照如下方法增加容量：

（1）关闭 Openfiler 操作系统，增加一块 60 GB 硬盘。开启 Openfiler 操作系统，访问 Openfiler 网页管理界面地址，按照"配置 Openfiler"和"创建 iSCSI 逻辑卷"的方法创建卷组，创建 iSCSI 逻辑卷。

（2）登录到 ESXi 主机，展开"存储"，单击已经添加的 iSCSI 存储"openfiler – iSCSI"，单击右侧的"增加容量"选项卡，如图 4 – 153 所示。

图 4 – 153 增加数据存储容量界面 1

（3）在"增加数据存储容量"→"选择创建类型"界面选择"向现有 VMFS 数据存储添加数据区"，单击"下一页"按钮，如图 4 – 154 所示。

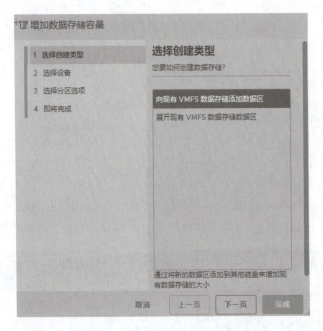

图 4 – 154 增加数据存储容量界面 2

向现有 VMFS 数据存储添加数据区：通过将新的数据区添加到其他磁盘来增加现有数据存储的大小。

展开现有 VMFS 数据存储数据区：通过将现有数据区扩展到相邻可用空间来增加现有数

据存储的大小。

（4）在"选择设备"界面，选择空闲设备用于创建新的 VMFS 数据存储，单击"下一页"按钮，如图 4-155 所示。

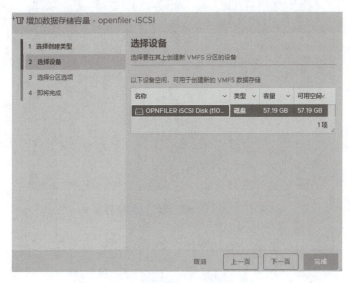

图 4-155　增加数据存储容量界面 3

（5）在"选择分区选项"界面，选择"使用全部磁盘"，单击"下一页"按钮，如图 4-156 所示。

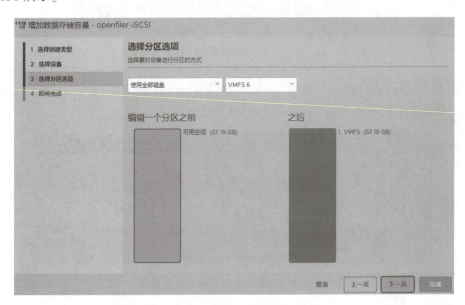

图 4-156　增加数据存储容量界面 4

（6）在"即将完成"界面，核对各项的选项值无误后，单击"完成"按钮，如图 4-157 所示。

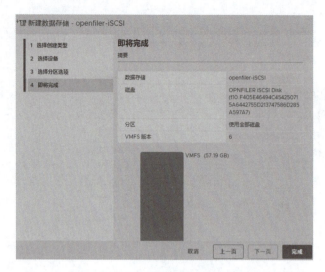

图 4 – 157　增加数据存储容量界面 5

（7）在"警告"界面，单击"是"按钮，如图 4 – 158 所示。

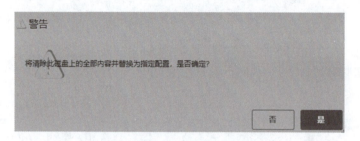

图 4 – 158　增加数据存储容量界面 6

（8）在"ESXi Host Client"界面，单击"存储"→"数据存储"，可以看到"openfiler – iSCSI"的磁盘容量已经增加成功，如图 4 – 159 所示。

图 4 – 159　增加数据存储容量界面 7

【任务总结】

在本任务中，首先介绍了直连式存储、网络接入存储、存储区域网络和小型计算机系统接口的定义以及优缺点；然后描述了 vSphere 存储的体系结构和 vSphere 支持的存储文件格式;最后详细地讲述了安装配置 NFS 存储服务的方法、使用 Openfiler 部署外部存储及配置 iSCSI 存储的方法。

【任务评价】

序号	主要内容	考核要求	评分标准	配分	扣分	得分
1	方案设计	项目规划设计	(1) 网络规划设计符合任务要求	5 分		
			(2) 设备配置规划设计符合任务要求	5 分		
2	任务实施	(1) 使用 VMware Workstation 创建一台 Windows Server 2019 搭建 NFS 外部存储,3 台 ESXi 主机都能访问到 NFS 共享存储; (2) 使用 Openfiler 搭建 iSCSI 网络存储	(1) 正确安装 NFS 存储服务	8 分		
			(2) 正确配置 NFS 存储服务	10 分		
			(3) 在 vCenter 上正确添加 NFS 存储服务	15 分		
			(4) 正确安装与配置 Openfiler	10 分		
			(5) 在 ESXi 主机添加 iSCSI 存储服务	7 分		
3	职业素养	(1) 遵守学校纪律,保持实训室整洁干净; (2) 文档排版规范; (3) 小组独立完成任务	(1) 不迟到,遵守实训室规章制度,维护实训室设备	6 分		
			(2) 能够正确使用截图工具截图,每张图有说明、有图标	6 分		
			(3) 任务书中页面设置、正文标题、正文格式规范	6 分		
			(4) 积极解决任务实施过程中遇到的问题	6 分		
			(5) 同学之间能够积极沟通	6 分		
			(6) 小组独立完成任务,杜绝抄袭	10 分		
备注			合计	100		
小组成员签名						
教师签名						
日期						

项目五

服务器虚拟化的高可用性部署与实施

【项目介绍】

vSphere vMotion、vSphere DRS、vSphere HA 以及 vSphere FT 等组件在迁移虚拟机、管理 vSphere 资源、管理主机故障等方面起到非常重要的作用。在本项目中，对这些组件的工作原理、工作方式、配置方法以及应用进行介绍。

【项目目标】

一、知识目标

（1）掌握 vMotion 迁移作用和迁移原理。
（2）掌握 vMotion 迁移虚拟机条件和限制。
（3）理解 DRS 的工作原理。
（4）理解 vSphere 集群服务。
（5）理解 vSphere HA 和 FT 的作用、工作方式。

二、能力目标

（1）学会使用 vMotion 迁移虚拟机。
（2）学会创建 vSphere 集群。
（3）学会创建和使用 DRS。
（4）学会配置和使用 vSphere HA。
（5）学会配置和使用 vSphere Fault Tolerance。

三、素质目标

（1）认识国际产业形势与我国 CPU 行业现状和面临的挑战，激发学生科技强国的爱国情怀。
（2）在实验操作过程中注重每一个细节，强调细节决定成败，培养学生严谨的工作态度。

项目五 服务器虚拟化的高可用性部署与实施

【项目内容】

任务一　vMotion 迁移

【任务介绍】

如果需要使某个主机脱机以便进行维护，可将虚拟机移至其他主机。通过 vMotion 迁移，虚拟机工作进程可以在整个迁移期间继续执行。本任务介绍了 vMotion 迁移的作用、迁移原理和虚拟机迁移的条件与限制；使用 vMotion 完成虚拟机存储和虚拟机计算资源的迁移。

【任务目标】

（1）学会使用 vMotion 迁移虚拟机存储。

（2）学会使用 vMotion 迁移虚拟机计算资源。

【相关知识】

5.1　vMotion 迁移介绍

vSphere vMotion 能在实现零停机和服务连续可用的情况下，将正在运行的虚拟机从一台物理服务器实时地迁移到另一台物理服务器上，并且能够完全保证事务的完整性。

微课：vMotion 迁移技术

授课视频：vMotion 迁移介绍

1. vMotion 迁移的作用

（1）通过 vMotion，可以更改运行虚拟机的计算资源，或者同时更改虚拟机的计算资源和存储。

（2）通过 vMotion 迁移虚拟机并选择仅更改主机时，虚拟机的完整状态将移动到新主机。关联虚拟磁盘仍然处于必须在两个主机之间共享的存储器上的同一位置。

（3）选择同时更改主机和数据库时，虚拟机的状态将移动到新主机，虚拟磁盘将移动到其他数据存储。在没有共享存储的 vSphere 环境中，可以通过 vMotion 迁移到其他主机和数据存储。

（4）在虚拟机状况迁移到备用主机后，虚拟机即会在新主机上运行。使用 vMotion 迁移对正在运行的虚拟机完全透明。

（5）选择同时更改计算资源和存储时，可以使用 vMotion 在 vCenter Server 实例、数据中心以及子网之间迁移虚拟机。

2. vMotion 迁移实现原理

使用 VMware vMotion 将虚拟机从一台物理服务器实时迁移到另一台物理服务器的过程是通过如下三项基础技术实现的。

（1）虚拟机的整个状态由存储在数据存储（如光纤通道或 iSCSI 存储区域网络（SAN）、

217

网络连接存储（NAS）或者物理主机本地存储）上的一组文件封装起来。vSphere 虚拟机文件系统（VMFS）允许多个 vSphere 主机并行访问相同的虚拟机文件。

（2）虚拟机的活动内存及精确的执行状态通过高速网络快速传输，从而允许虚拟机立即从在源 vSphere 主机上运行切换到在目标 vSphere 主机上运行。vMotion 通过在位图中连续跟踪正在进行的内存事务来确保用户察觉不到传输期，一旦整个内存和系统状态已复制到目标 vSphere 主机，vMotion 将中止源虚拟机的运行，将位图的内容复制到目标 vSphere 主机，并在目标 vSphere 主机上恢复虚拟机的运行。整个过程在以太网上需要不到 2 s 的时间。

（3）底层 vSphere 主机将对虚拟机使用的网络进行虚拟化，这样可以确保即使在迁移后也能保留虚拟机网络标识和网络连接。因为使用 vMotion 进行虚拟机迁移可以保留精确的执行状态、网络标识和活动网络连接，其结果是实现了零停机时间且不中断用户操作。

执行 vMotion 迁移时，运行中的进程在整个迁移过程中都将保持运行状态。虚拟机的完整状态都会被移到新的主机中，而数据存储仍位于原来的数据存储上。虚拟机的状态信息包括当前的内存内容以及用于定义和标识虚拟机的所有信息。内存内容包括事务数据以及内存中的操作系统和应用程序的数据。

状态中存储的信息包括映射到虚拟机硬件元素的所有数据，如 BIOS、设备、CPU、以太网卡的 MAC 地址、芯片集状态、注册表等。

3. vMotion 迁移虚拟机条件和限制

要使用 vMotion 迁移虚拟机，虚拟机必须满足特定网络、磁盘、CPU、USB 及其他设备的要求。

使用 vSphere vMotion 时，以下虚拟机条件和限制适用：

（1）源和目标管理网络 IP 地址系列必须匹配。

（2）如果迁移具有大型 vGPU 配置文件的虚拟机，则对 vSphere vMotion 网络使用 1 GbE（Gigabit Ethernet，千兆以太网）网络适配器可能会导致迁移失败。对 vSphere vMotion 网络使用 10 GbE 网络适配器。

（3）如果已启用虚拟 CPU 性能计数器，则可以将虚拟机只迁移到具有兼容 CPU 性能计数器的主机。

（4）可以迁移启用了 3D 图形的虚拟机。如果 3D 渲染器设置为"自动"，虚拟机会使用目标主机上显示的图形渲染器。渲染器可以是主机 CPU 或 GPU 图形卡。要使用设置为"硬件"的 3D 渲染器迁移虚拟机，目标主机必须具有 GPU 图形卡。

（5）从 vSphere 6.7 Update 1 及更高版本开始，vSphere vMotion 支持具有 vGPU 的虚拟机。

（6）vSphere DRS 支持在没有负载均衡支持的情况下对运行 vSphere 6.7 Update 1 或更高版本的 vGPU 虚拟机进行初始放置。

（7）可使用连接到主机上物理 USB 设备的 USB 设备迁移虚拟机。必须为 vSphere vMotion 启用设备。

（8）如果虚拟机使用目标主机上无法访问的设备所支持的虚拟设备，则不能使用"通过 vSphere vMotion 迁移"功能来迁移该虚拟机。例如，不能使用由源主机上物理 CD 驱动器支持的 CD 驱动器迁移虚拟机。在迁移虚拟机之前，要断开这些设备的连接。

（9）如果虚拟机使用客户端计算机上设备所支持的虚拟设备，则不能使用"通过 vSphere vMotion 迁移"功能来迁移该虚拟机。在迁移虚拟机之前，要断开这些设备的连接。

【任务实施】

5.2 使用 vMotion 迁移虚拟机

本任务中将在 ESXi（192.168.220.136）上运行的虚拟机 win2016clone 迁移至 ESXi（192.168.220.137）主机。

在使用 vMotion 迁移虚拟机之前，需要完成以下任务：

（1）使用 vSphere Client 登录到 vCenter Server。在项目四任务二中，已经配置了 VMkernel 适配器支持 VMotion 系统流量，如图 5-1 所示。

（2）为三台主机添加共享存储，添加的办法参考第 4.3.2 节安装配置 iSCSI 存储服务。即，在主机中添加软件适配器，动态网址都添加为 192.168.220.158。

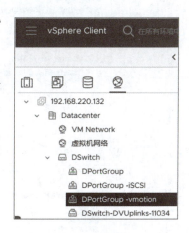

图 5-1　vSphere vMotion 承载网络

1. 迁移虚拟机存储

（1）开启虚拟机 win2016clone，右击虚拟机 win2016clone，在出现的快捷菜单中选择"迁移"选项，如图 5-2 所示。

图 5-2　迁移虚拟机存储资源界面 1

操作视频：使用 vMotion 迁移虚拟机

（2）在"1. 选择迁移类型"界面，迁移类型包括仅更改计算资源、仅更改存储、更改计算资源和存储、跨 vCenter Server 导出四种。在本任务中选择"仅更改存储"，如图 5-3 所示，单击"下一页"按钮继续迁移存储。

（3）在"2. 选择存储"界面，在存储列表中选择共享存储"openfiler-iSCSI"，兼容性检查成功后，单击"下一页"按钮继续迁移存储，如图 5-4

授课视频：使用 vMotion 迁移虚拟机

所示。

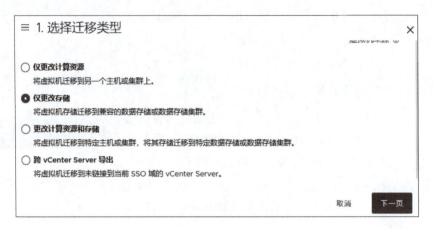

图 5-3　迁移虚拟机存储资源界面 2

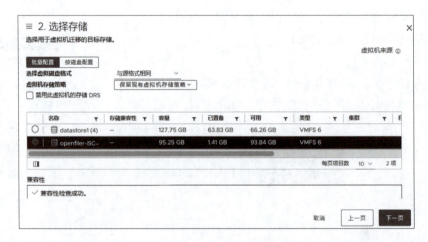

图 5-4　迁移虚拟机存储资源界面 3

（4）在"3. 即将完成"界面，确认迁移类型、虚拟机、存储、磁盘格式无误后，单击"完成"按钮，开始迁移虚拟机存储资源，如图 5-5 所示。

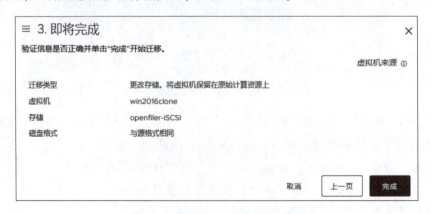

图 5-5　迁移虚拟机存储资源界面 4

(5) 在"vSphere Client"界面，单击虚拟机 win2016clone，单击右侧的"数据存储"，虚拟机 win2016clone 存储资源已从 datastore1(4)迁移到共享存储 openfiler – iSCSI，如图 5 – 6 所示。

图 5 – 6　迁移虚拟机存储资源至共享存储

2. 迁移虚拟机计算资源

(1) 开启虚拟机 win2016clone，打开实验计算机的命令行工具，输入"ping – t 192.168.220.161"（虚拟机 win2016clone 的 IP 地址）持续 ping 该虚拟机，目的是观察在迁移过程中 ping 探测是否中断，如图 5 – 7 所示。

图 5 – 7　检测虚拟机网络通信情况

(2) 在"1. 选择迁移类型"界面，选择"仅更改计算资源"，单击"下一页"按钮，如图 5 – 8 所示。

(3) 在"2. 选择计算资源"界面，选择目标主机，在本任务中，选择 192.168.220.137 主机，在兼容性验证成功后，单击"下一页"按钮，如图 5 – 9 所示。

(4) 在"3. 选择网络"界面，选择用于虚拟机迁移的目标网络，在本任务中选择"DPortGroup – vmotion"，兼容性验证成功后，单击"下一页"按钮，如图 5 – 10 所示。

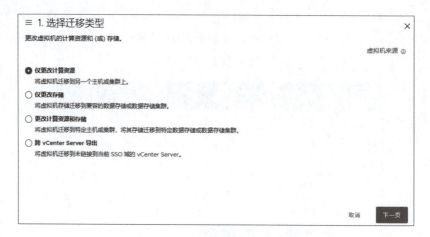

图 5-8　迁移虚拟机计算资源界面 1

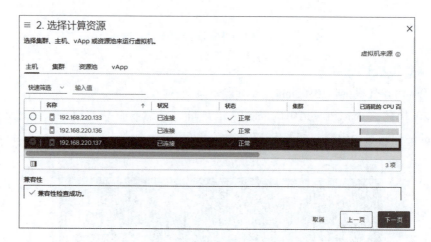

图 5-9　迁移虚拟机计算资源界面 2

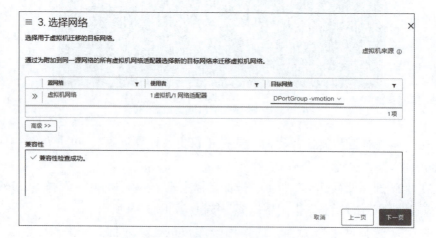

图 5-10　迁移虚拟机计算资源界面 3

(5) 在"4. 选择 vMotion 优先级"界面,选择默认即可,如图 5-11 所示。

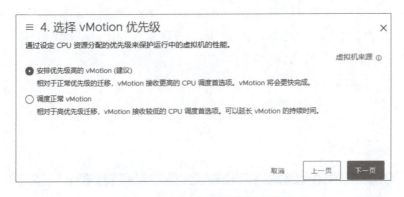

图 5-11　迁移虚拟机计算资源界面 4

(6) 在"5. 即将完成"界面,确认各项参数是否正确,单击"完成"按钮,如图 5-12 所示。

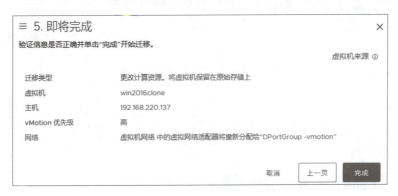

图 5-12　迁移虚拟机计算资源界面 5

(7) 虚拟机 win2016clone 已经迁移到 IP 地址为 192.168.220.137 的主机上,如图 5-13 所示。

(8) 迁移过程中,实验主机持续 ping 虚拟机且 ping 探测没有中断,说明虚拟机在 vMotion 过程中不会中断运行,如图 5-14 所示。

图 5-13　虚拟机迁移成功

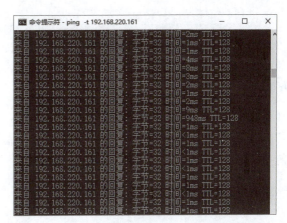

图 5-14　检测虚拟机网络通信情况

注：若在选择计算资源过程中出现兼容性问题，如图 5-15 所示，则单击"显示详细信息…"，存在的兼容性问题主要是无法访问 datastore1（4），如图 5-16 所示。原因是没有将迁移的虚拟机的存储文件迁移到共享存储，解决方法是按照上述讲解的"迁移虚拟机存储资源"进行虚拟机存储文件的迁移即可。

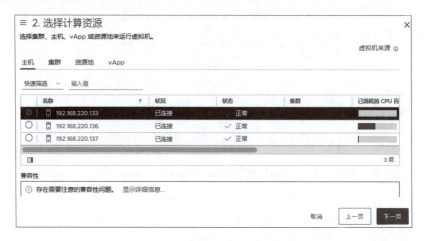

图 5-15　迁移虚拟机计算资源兼容性问题 1

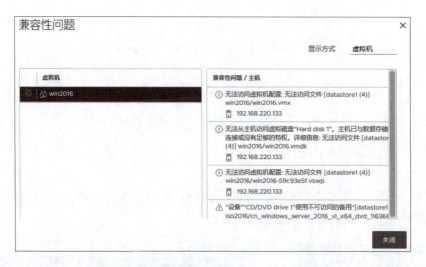

图 5-16　迁移虚拟机计算资源兼容性问题 2

【任务总结】

在本任务中，首先介绍了 vMotion 迁移的作用、vMotion 迁移的优点、vMotion 迁移实现原理与工作限制以及迁移虚拟机的条件和限制，完成了使用 vMotion 迁移存储资源和计算机资源的操作。

项目五　服务器虚拟化的高可用性部署与实施

【任务评价】

序号	主要内容	考核要求	评分标准	配分	扣分	得分
1	方案设计	项目规划设计	（1）网络规划设计符合任务要求	5分		
			（2）设备配置规划设计符合任务要求	5分		
2	任务实施	（1）使用 vMotion 迁移虚拟机存储； （2）使用 vMotion 迁移虚拟机计算资源	（1）正确搭建 vMotion 迁移环境	15分		
			（2）将虚拟机的配置文件迁移到共享存储	15分		
			（3）虚拟机计算资源迁移成功	20分		
3	职业素养	（1）遵守学校纪律，保持实训室整洁干净； （2）文档排版规范； （3）小组独立完成任务	（1）不迟到，遵守实训室规章制度，维护实训室设备	6分		
			（2）能够正确使用截图工具截图，每张图有说明、有图标	6分		
			（3）任务书中页面设置、正文标题、正文格式规范	6分		
			（4）积极解决任务实施过程中遇到的问题	6分		
			（5）同学之间能够积极沟通	6分		
			（6）小组独立完成任务，杜绝抄袭	10分		
备注			合计	100		
小组成员签名						
教师签名						
日期						

任务二　vSphere 资源管理

【任务介绍】

vSphere DRS 可以跨 vSphere 服务器持续地监视利用率，并可根据业务需求在虚拟机之间智能分配和平衡可用资源。本任务将完成集群的创建，使用 vSphere DRS 管理 vSphere 资源。

【任务目标】

（1）学会创建集群。

（2）学会配置 vSphere 集群 EVC。

（3）为 vSphere 集群添加 ESXi 主机。

（4）会配置、管理和使用 vSphere DRS 集群。

【相关知识】

5.3 vSphere 资源管理介绍

资源管理是将资源从资源提供方分配到资源用户的过程。对于资源管理的需求来自资源过载（即，需求大于容量）以及需求与容量随着时间的推移而有所差异的事实，通过资源管理，可以动态重新分配资源，以便更高效地使用可用容量。

授课视频：vSphere 资源管理介绍

资源包括 CPU、内存、电源、存储器和网络资源。主机和集群（包括数据存储集群）是物理资源的提供方，虚拟机是资源用户。

1. 集群

集群是一组主机。可以使用 vSphere Client 创建集群，并将多个主机添加到集群。vCenter Server 一起管理这些主机的资源：集群拥有所有主机的全部 CPU 和内存。可以针对联合负载平衡或故障切换来启用集群。

2. vSphere DRS

vSphere 分布式资源调配（Distributed Resource Scheduler，DRS）是 vSphere 的高级特性之一，可以跨 vSphere 服务器持续地监视利用率，并可根据业务需求在虚拟机之间智能分配和平衡可用资源。VMware DRS 能够整合服务器，降低 IT 成本，增强灵活性；通过灾难修复，减少停机时间，保持业务的持续性和稳定性；减少需要运行的服务器的数量以及动态地切断当前不需要使用的服务器的电源，提高了能源的利用率。

微课：谁也别偷懒——分布式资源调配

1）DRS 的主要功能

（1）初始放置。

当集群中的某个虚拟机启动时，系统计算 ESXi 主机的负载情况，DRS 会将其放在一个适当的主机上，或者根据选择的自动化级别生成放置建议。

（2）负载平衡。

将持续监控集群内所有主机和虚拟机的 CPU 及内存资源的分布情况和使用情况。在给出集群内资源池和虚拟机的属性、当前需求以及不均衡目标的情况下，DRS 会将这些衡量指标与理想状态下的资源使用情况进行比较，然后 DRS 提供建议或相应地执行虚拟机迁移。

（3）电源管理。

vSphere 分布式电源管理（Distributed Power Management，DPM）功能启用后，DRS 会将

集群级别和主机级别容量与集群的虚拟机需求（包括近期历史需求）进行比较。在找到足够的额外容量后，DRS 建议将主机置于待机状态，或将主机置于待机电源模式。如果需要容量，DRS 会打开主机电源。根据提出的主机电源状况建议，可能需要将虚拟机迁移到主机，并从主机迁移虚拟机。

（4）关联性、反关联性规则。

虚拟机的关联性规则用于指定应将选定的虚拟机放置在相同主机上（关联性）还是放在不同主机上（反关联性）。

关联性规则用于系统性能会对虚拟机之间的通信能力产生极大影响的多虚拟机系统。

反关联性规则用于负载平衡或要求高可用性的多虚拟机系统。

2）DRS 工作原理

DRS 分配资源的方式有两种：将虚拟机迁移到另外一台具有更多合适资源的服务器上，或者将该服务器上其他的虚拟机迁移出去，从而为该虚拟机腾出更多的"空间"。虚拟机在不同物理服务器上的实时迁移是由 VMware VMotion 来实现的，迁移过程对终端用户是完全透明的。DRS 能够从根据业务优先级动态地调整资源、将 IT 资源动态分配给优先级最高的应用、平衡计算容量三个层面帮助客户调度资源。

3）vSphere 集群服务（vCLS）

vSphere 集群服务（vCLS）默认处于激活状态，并在所有 vSphere 集群中运行。vCLS 可确保在 vCenter Server 变得不可用时，集群服务仍可用于维护在集群中运行的工作负载的资源和运行状况，仍需要 vCenter Server 才能运行 DRS 和 HA。

升级到 vSphere 7.0 Update 3 或更高版本部署时，会激活 vCLS。vCLS 会在升级 vCenter Server 过程中进行升级。

vCLS 使用代理虚拟机维护集群服务的运行状况。将主机添加到集群时，将创建 vCLS 代理虚拟机（vCLS 虚拟机）。每个 vSphere 集群中最多需要运行 3 个 vCLS 虚拟机，并在集群内进行分发。此外，也可在仅包含一个或两个主机的集群上激活 vCLS。在这些集群中，vCLS 虚拟机数量分别是 1 和 2。

将自动应用新的反关联性规则。每 3 分钟执行一次检查，如果多个 vCLS 虚拟机位于一个主机上，则这些虚拟机将自动重新分配到不同的主机。

4）增强型 vMotion 兼容性

增强型 vMotion 兼容性（EVC）是一项集群功能，可确保集群中主机之间的 CPU 的兼容性。EVC 使用 AMD–V Extended Migration 技术（适用于 AMD 主机）和 Intel Felx Migration（适用于 Intel 主机）屏蔽功能，以便主机可提供早期版本的处理器功能集，从而可以在 EVC 集群内无缝地迁移虚拟机，可避免因 CPU 不兼容而导致通过 vMotion 迁移失败。

【任务实施】

5.4 管理与使用 DRS

1. 创建 vSphere 集群

（1）使用 vSphere Client 登录到 vCenter，右击数据中心，在快捷菜单中选择"新建集群…",如图 5-17 所示。

(2)在"1. 基础"界面中,为新建的集群设置名称,不选择"使用单个映像管理集群中的所有主机",暂时不启动"vSphere DRS""vSphere HA"和"vSAN",单击"下一页"按钮,如图 5-18 所示。

图 5-17 创建集群界面 1

操作视频:管理与使用 DRS

图 5-18 创建集群界面 2

(3)在"2. 查看"界面,核对创建的集群的信息,信息确认无误后,单击"完成"按钮,开始创建集群,如图 5-19 所示。

授课视频:管理与使用 DRS

图 5-19 创建集群界面 3

(4)集群创建完成后,将在 vCenter 的导航器中出现集群的名称,如图 5-20 所示。

2. 配置 vSphere 集群 EVC

配置 EVC 可以避免由于 CPU 兼容问题而导致迁移或 DRS 使用出现问题。

(1)在"vSphere Client"界面,单击集群名称"Cluster",在右侧依次单击"配置"→

图 5-20 集群创建完成界面

"VMware EVC",可以看到 VMware EVC 已禁用,如图 5-21 所示。

图 5-21　配置 vSphere 集群 EVC 界面 1

(2) 单击图 5-21 中的"编辑"按钮,进入"更改 EVC 模式"界面,设置 CPU 的 EVC 模式。本项目中使用的 ESXi 主机的 CPU 类型均为"Intel ® Xeon ® W-10855M",所以,将 EVC 模式配置为"为 Inter ® 主机启用 EVC",CPU 模式选择"Intel ® 'Merom' Generation"。兼容性验证成功后,单击"确定"按钮完成 EVC 模式更改配置,如图 5-22 所示。

图 5-22　配置 vSphere 集群 EVC 界面 2

(3) EVC 启用完成,如图 5-23 所示。启用后不用担心由于 CPU 指令集不同而导致无法迁移等状况的发生。

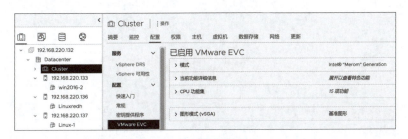

图 5-23　配置 vSphere 集群 EVC 界面 3

3. 为 vSphere 集群添加 ESXi 主机

（1）集群创建好后，并没有 ESXi 主机，采用拖拽方式或者向导方式添加。拖拽方式是在 vCenter Server 上选中 ESXi 主机，将其拖动到"Cluster"集群中。向导方式是右击集群的名称，在快捷菜单中选择"添加主机"，如图 5-24 所示。

（2）在"添加主机"界面，将新主机和现有主机添加到集群。单击"现有主机（选取 3 台，共 3 台）"选项，选中加入集群的主机，本任务中 3 台主机均选中，单击"下一页"按钮，如图 5-25 所示。

图 5-24　vSphere 集群添加 ESXi 主机界面 1

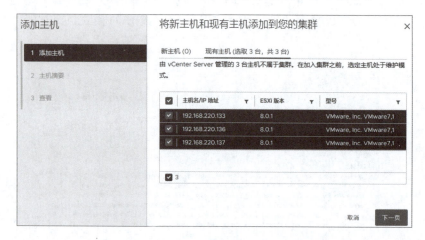

图 5-25　vSphere 集群添加 ESXi 主机界面 2

（3）在"主机摘要"界面，单击每台主机前面的"<"，查看主机迁移的网络、数据存储和打开电源的虚拟机信息，单击"下一页"按钮，如图 5-26 所示。

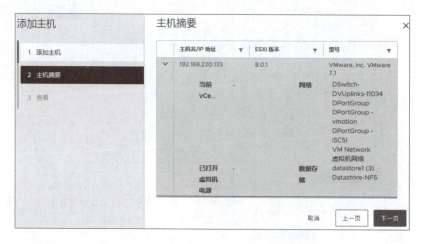

图 5-26　vSphere 集群添加 ESXi 主机界面 3

(4)在"查看"界面,检查迁移主机信息,并且提示"在移至集群之前,主机将进入维护模式。您可能需要关闭电源或迁移已打开电源和已挂起的虚拟机",单击"完成"按钮完成主机添加,如图 5-27 所示。图 5-28 显示了已在集群 Cluster 中成功添加了三台主机。

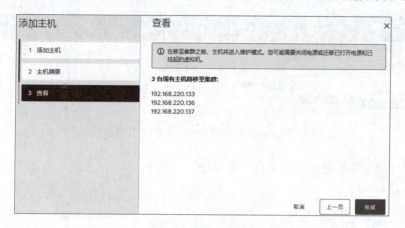

图 5-27　vSphere 集群添加 ESXi 主机界面 4

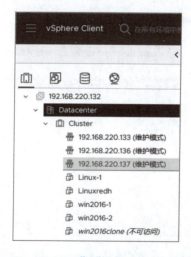

图 5-28　vSphere 集群添加 ESXi 主机界面 5

(5)在图 5-28 中,三台主机处于维护模式,右击 ESXi 主机,在快捷菜单中依次单击"维护模式"→"退出维护模式",如图 5-29 所示。

图 5-29　ESXi 主机退出维护模式界面

4. 配置和管理 vSphere DRS 集群

（1）使用 vSphere Client 登录 vCenter Server，单击 Cluster 集群，单击右侧"配置"→"vSphere DRS"，vSphere DRS 当前是关闭状态，单击"编辑"按钮，如图 5-30 所示。

图 5-30　配置和管理 vSphere DRS 集群界面 1

（2）在"编辑集群设置-自动化"界面中，启用了 vSphere DRS，自动化级别选择"手动"，如图 5-31 所示。

图 5-31　配置和管理 vSphere DRS 集群界面 2

DRS 的自动化级别分为手动模式、半自动模式和全自动模式。在自动模式中，DRS 自行进行判断，拟定虚拟机在物理服务器之间的最佳分配方案，并自动地将虚拟机迁移到最合适的物理服务器上。在半自动模式中，虚拟机打开电源启动时，自动选择在某台 ESXi 主机上启动。当 ESXi 负载过重需要迁移时，由系统给出建议，必须确认后才能执行操作。在手动模式中，vSphere DRS 提供一套虚拟机放置的最优方案，然后由系统管理员决定是否根据该方案对虚拟机进行调整。

迁移阈值是系统对 ESXi 主机负载情况的监控，分为五个等级。可以通过移动阈值滑块来使用从"保守"到"激进"这五个设置中的一个。这五种迁移设置将根据其所分配的优先级生成建议。每次将滑块向右移动一个设置，将会允许包含下一较低优先级的建议。"保守"设置仅生成优先级 1 的建议（强制性建议），向右的下一级别则生成优先级 2 的建议以及更高级别的建议，依此类推，直至"激进"级别，该级别生成优先级 5 的建议和更高级别的建议（即，所有建议）。每个迁移建议的优先级是使用集群的负载不平衡衡量指标进行计算的。该衡量指标在 vSphere Web Client 中的集群"摘要"选项卡中显示为"当前主机负载标准偏差"。负载越不平衡，所生成迁移建议的优先级会越高。

（3）在"编辑集群设置-其他选项"界面中，勾选"在集群主机之间实施更加平均的虚拟机分配，以实现可用性（在利用此设置时，可能会出现 DRS 的性能降低）"，启用 CPU 超额分配，过度分配比率设置为 10∶1，如图 5-32 所示。

图 5-32　配置和管理 vSphere DRS 集群界面 3

（4）在"编辑集群设置-电源管理"界面中，通过电源管理功能，DRS 集群可以根据集群资源利用率来打开和关闭主机电源，从而减少其功耗。在本任务中，各配置项均保持默认值，如图 5-33 所示。

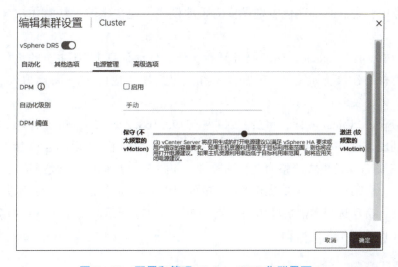

图 5-33　配置和管理 vSphere DRS 集群界面 4

（5）在"编辑集群设置 – 高级选项"界面中，各配置项均保持默认值，单击"确定"按钮完成 vSphere DRS 的配置，如图 5 – 34 所示。

图 5 – 34　配置和管理 vSphere DRS 集群界面 5

（6）vSphere DRS 的状态启用与属性配置如图 5 – 35 所示。

图 5 – 35　配置和管理 vSphere DRS 集群界面 6

在本任务中，集群的自动化级别设置为手动模式，现在比较手动模式和自动化模式的区别。

启动虚拟机 win2016clone，DRS 服务开始工作，自动计算 ESXi 主机的负载情况并给出虚拟机运行主机的建议，如图 5 – 36 所示，在这里选择"建议 2"，将虚拟机 win2016clone 置于 192.168.220.136 上。

导航到 vSphere Client 界面，单击 ESXi 主机 192.168.220.136，单击右侧"虚拟机"选项，可以看到虚拟机 win2016clone 已经在该主机上启动运行了，如图 5 – 37 所示。

现将 DRS 的自动化模式调整为全自动模式，如图 5 – 38 所示。关闭虚拟机 win2016clone 后再重新启动，启动过程中不再弹出"打开电源建议"界面，而是由 DRS 自动计算 ESXi 主机的负载情况，自动选择虚拟机驻留的主机，如图 5 – 39 所示，虚拟机 win2016clone 在 ESXi 主机 192.168.220.137 上启动。

项目五　服务器虚拟化的高可用性部署与实施

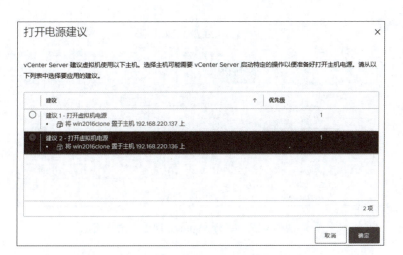

图 5-36　配置和管理 vSphere DRS 集群界面 7

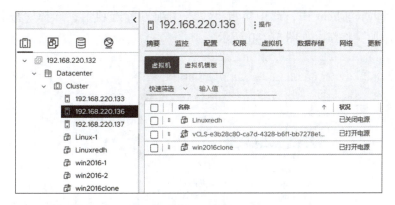

图 5-37　配置和管理 vSphere DRS 集群界面 8

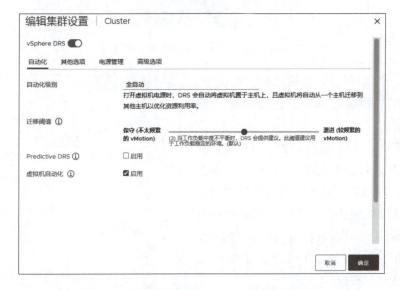

图 5-38　配置和管理 vSphere DRS 集群界面 9

235

图 5-39　配置和管理 vSphere DRS 集群界面 10

5. 配置和使用 vSphere DRS 规则

1) 配置 vSphere DRS 规则

（1）在 vSphere Client 中，选中集群，单击"配置"选项卡，选择"虚拟机/主机规则"，单击"添加"按钮，如图 5-40 所示。

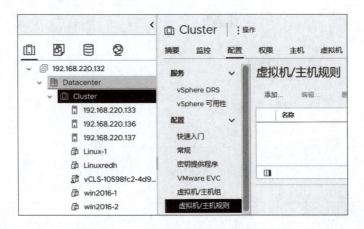

图 5-40　配置 vSphere DRS 规则界面 1

（2）在"创建虚拟机/主机规则"界面中，为设置的规则填写名称，选中"启用规则"，选择规则的类型。

在这里选择"单独的虚拟机"，虚拟机必须在不同主机上运行，如图 5-41 所示。单击图 5-41 中的"添加"，添加使用该规则的虚拟机。为了验证该规则的有效性，本任务中添加的虚拟机 Linux-1 和虚拟机 win2016-1 均驻留在 ESXi 主机 192.168.220.137 上。添加完成后，单击"确定"按钮。

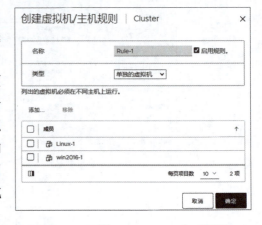

图 5-41　配置 vSphere DRS 规则界面 2

（3）导航到 vSphere Client 界面，可以看到已经创建好的规则的名称、类型、规则成员，如图 5-42 所示。

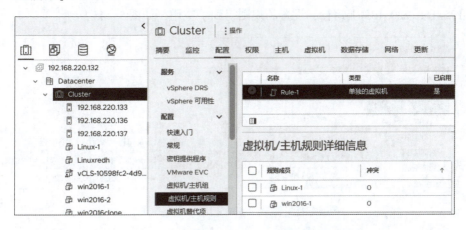

图 5-42　配置 vSphere DRS 规则界面 3

2）验证规则

（1）开启虚拟机 Linux-1 和虚拟机 win2016-2。虚拟机 Linux-1 在主机 192.168.220.133 上运行，虚拟机 win2016-2 在主机 192.168.220.137 上运行，如图 5-43 和图 5-44 所示。

图 5-43　使用 vSphere DRS 规则界面 1

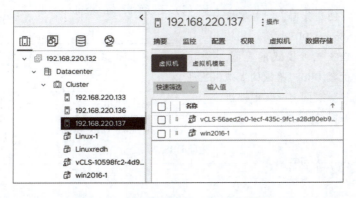

图 5-44　使用 vSphere DRS 规则界面 2

（2）在 vSphere Client 界面，单击"集群"，单击右侧"监控"选项卡，选中"历史记录"，查看虚拟机的运行情况。历史记录显示了虚拟机 Linux–1 从主机 192.168.220.137 迁移到了 192.168.220.133 上运行，设置的规则得到了应用，如图 5–45 所示。

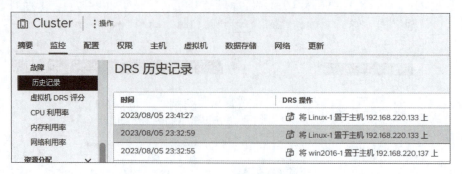

图 5–45　使用 vSphere DRS 规则界面 3

【任务总结】

资源管理是将资源从资源提供方分配到资源用户的过程。资源包括 CPU、内存、电源、存储器和网络资源。在本项目中，首先介绍了 CPU 虚拟化和内存虚拟化；然后描述了资源池的定义及优点，并讲述了如何创建资源池；最后描述了 DRS 的定义及主要功能，并详细介绍了如何配置和使用分布式资源池。

【任务评价】

序号	主要内容	考核要求	评分标准	配分	得分
1	方案设计	项目规划设计	（1）网络规划设计符合任务要求	5 分	
			（2）设备配置规划设计符合任务要求	5 分	
2	任务实施	创建集群，配置集群 vSphere DRS 服务，比较 DRS 三种模式的异同，配置 DRS "单独的虚拟机"规则，观察虚拟机驻留主机的变化	（1）正确创建集群	5 分	
			（2）正确配置 vSphere 集群 EVC	5 分	
			（3）向 vSphere 集群添加 ESXi 主机	5 分	
			（4）正确配置 DRS	15 分	
			（5）正确配置 DRS 规则，并验证 DRS 规则	20 分	

续表

序号	主要内容	考核要求	评分标准	配分	得分
3	职业素养	（1）遵守学校纪律，保持实训室整洁干净；（2）文档排版规范；（3）小组独立完成任务	（1）不迟到，遵守实训室规章制度，维护实训室设备	6分	
			（2）能够正确使用截图工具截图，每张图有说明，有图标	6分	
			（3）任务书中页面设置、正文标题、正文格式规范	6分	
			（4）积极解决任务实施过程中遇到的问题	6分	
			（5）同学之间能够积极沟通	6分	
			（6）小组独立完成任务，杜绝抄袭	10分	
备注			合计	100	

小组成员签名	
教师签名	
日期	

任务三　vSphere 可用性

【任务介绍】

vSphere HA 为集群提供了高可用性。当集群中的 ESXi 主机或者虚拟机出现故障时，可在具有备用容量的其他生产服务器中自动重新启动受影响的虚拟机，最大限度保证重要的服务不中断。本任务详细介绍了在 vCenter Server 上实现 vSphere HA 的方法。

【任务目标】

熟练掌握 vSphere HA 的配置和管理。

【相关知识】

5.5　vSphere HA 介绍

1. vSphere HA 的基本概念

vSphere HA（High Availability，高可用）被广泛应用在虚拟化环境中，用于提升虚拟机可用性功能。vSphere HA 的工作机制是监控虚拟机以及运行这些虚拟机的 ESXi 主机，通过配置合适的策略，当集群中的

微课：vSphere High Availability 简介

ESXi 主机或者虚拟机出现故障时，可在具有备用容量的其他生产服务器中自动重新启动受影响的虚拟机，最大限度保证重要的服务不中断。若操作系统出现故障，vSphere HA 会在同一台物理服务器上重新启动受影响的虚拟机。vSphere HA 在整个虚拟化 IT 环境中实现软件定义的高可用性，无须使用硬件解决方案，降低了成本。vSphere HA 通过以下方式保护应用程序可用性：

授课视频：
vSphere 可用性

通过在集群内的其他主机上重新启动虚拟机，防止服务器故障。

通过持续监控虚拟机并在检测到故障时对其进行重新设置，防止应用程序故障。

通过在仍然有权访问其数据存储的其他主机上重新启动受影响的虚拟机，可防止出现数据存储可访问性故障。

如果虚拟机的主机在管理或 vSAN 网络上被隔离，它会通过重新启动这些虚拟机来防止网络隔离。即使网络已分区，仍会提供此保护。

2. vSphere HA 的工作方式

vSphere HA 可以将虚拟机及其所驻留的主机集中在集群内，从而为虚拟机提供高可用性。集群中的主机均会受到监控，如果发生故障，故障主机上的虚拟机将在备用主机上重新启动。

创建 vSphere HA 集群时，会自动选择一台主机作为首选主机。首选主机可与 vCenter Server 进行通信，并监控所有受保护的虚拟机以及辅助主机的状态。可能会发生不同类型的主机故障，首选主机必须检测并相应地处理故障。首选主机必须能够区分故障主机与网络分区中的主机或已与网络隔离的主机。首选主机使用网络和数据存储检测信号确定故障的类型。

3. vSphere HA 实施前提条件

在实施 vSphere HA 之前，需要满足以下条件：

（1）vSphere HA 依靠集群实现，因此需要创建集群，集群必须至少包含两个主机，在集群开启 vSphere HA。

（2）确认所有虚拟机及其配置文件都驻留在共享存储上，否则，在主机出现故障时，它们将无法进行故障切换。

（3）确认主机配置为具有虚拟机网络的访问权限。

（4）确认正在为 vSphere HA 使用冗余管理网络连接。

（5）确认至少已为主机配置两个数据存储，来为 vSphere HA 数据存储检测信号提供冗余。

（6）使用具有集群管理员权限的账户将 vSphere Client 连接到 vCenter Server。

（7）确认虚拟机安装了 VMware Tools。

（8）必须为所有主机配置静态 IP 地址。如果使用的是 DHCP，必须确保每台主机的地址在重新引导期间保留。

【任务实施】

5.6 配置使用 vSphere HA

（1）在 vSphere Client 中，单击 Cluster 集群右侧的"配置"选项卡，展开"服务"，选择"vSphere 可用性",vSphere HA 为关闭状态,Proactive HA 为禁用状态,如图 5-46 所示,单击"编辑"按钮。

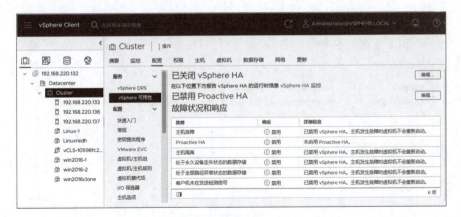

图 5-46　配置和使用 vSphere HA 界面 1

（2）在"编辑集群设置 – 故障和响应"界面,单击 vSphere HA 后面的按钮将其启用,选择"启用主机监控",配置故障和响应策略的选项值,如图 5-47 所示。

操作视频：
配置使用
vSphere HA

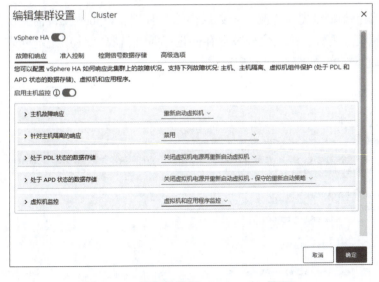

图 5-47　配置和使用 vSphere HA 界面 2

"主机故障响应"选择"重新启动虚拟机";

"针对主机隔离的响应"选择"禁用";

"处于 PDL 状态的数据存储"选择"关闭虚拟机电源再重新启动虚拟机";

"处于 APD 状态的数据存储"选择"关闭虚拟机电源并重新启动虚拟机 – 保守的重新启动策略";

"虚拟机监控"选择"虚拟机和应用程序监控"。

(3)在"编辑集群设置 – 准入控制"的界面,"集群允许的主机故障数目"设置为"1","主机故障切换容量的定义依据"选择"集群资源百分比",其他配置项选择默认值,如图 5 – 48 所示。

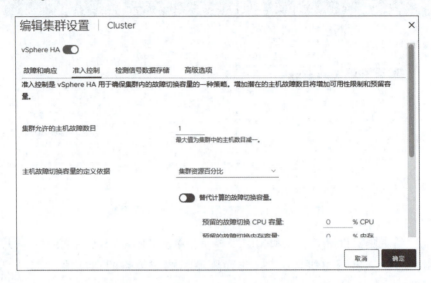

图 5 – 48　配置和使用 vSphere HA 界面 3

(4)在"编辑集群设置 – 检测信号数据存储"界面,vSphere HA 需要配置 2 个数据存储用于监控虚拟机和主机。检测信号数据存储选择策略选择"使用指定列表中的数据存储并根据需要自动补充",如图 5 – 49 所示。

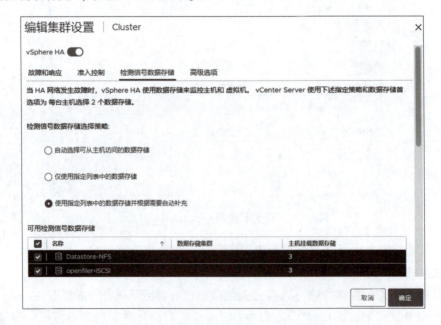

图 5 – 49　配置和使用 vSphere HA 界面 4

提示:如果使用一个数据存储来监控虚拟机和主机,会出现警告提示。

（5）在"高级选项"界面中，保持各选项的默认值，如图 5-50 所示。单击"确定"按钮完成 vSphere HA 状态启用和应用配置。

图 5-50　配置和使用 vSphere HA 界面 5

（6）配置 Proactive HA。在开启 vSphere HA 后，Proactive HA 是一种高级的高可用性解决方案，它通过提前预防和处理潜在故障，以确保系统的稳定性和可靠性。启用 vSphere HA 后，才能编辑此选项。

在 vSphere Client 界面，单击 Cluster 集群右侧的"配置"选项卡，展开"服务"，选择"vSphere 可用性"，单击 Proactive HA 右侧的"编辑…"按钮，弹出"编辑 Proactive HA"界面，启用 Proactive HA。单击"故障和响应"选项卡，"自动化级别"设置为"手动"，"修复"设置为"隔离模式"，如图 5-51 所示，单击"确定"按钮。

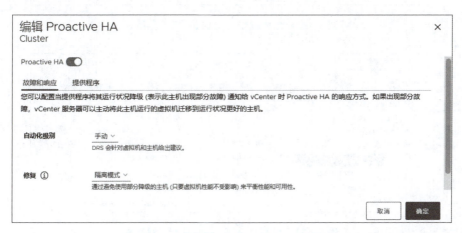

图 5-51　配置和使用 vSphere HA 界面 6

（7）在 vSphere Client 界面，单击 Cluster 集群，vSphere HA 已打开，Proactive HA 已开

启,如图 5-52 所示。

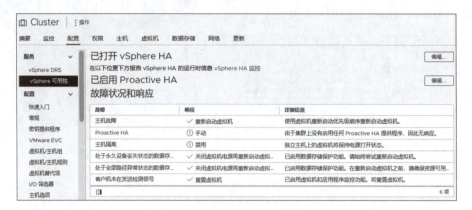

图 5-52 配置和使用 vSphere HA 界面 7

(8) 查看 vSphere HA 主/从机。在 vSphere HA 配置完成后,经过一段时间选举后,可以查看集群下 ESXi 主机主从关系。在本任务中,ESXi 主机 192.168.220.137 已选举为主机,ESXi 主机 192.168.220.136 和 ESXi 主机 192.168.220.133 为辅助,如图 5-53 和图 5-54 所示。

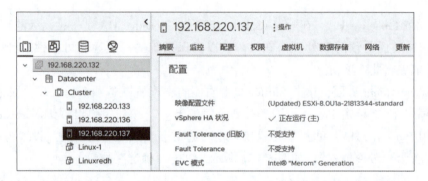

图 5-53 配置和使用 vSphere HA 界面 8

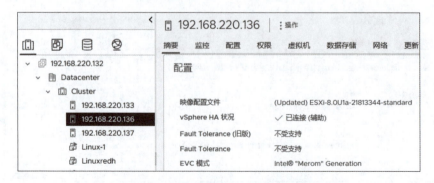

图 5-54 配置和使用 vSphere HA 界面 9

(9) 使用 vSphere HA 策略。使用驻留在 ESXi 主机 192.168.220.133 上的虚拟机 win2016clone 验证 vSphere HA 是否起作用。图 5-55 所示为虚拟机 win2016clone 所在集群、主

机、网络和存储的信息。开启虚拟机 win2016clone，在实验主机上的 cmd 命令行界面输入 ping – t 192.168.220.161，192.168.220.161 为 win2016clone 的 IP 地址，持续监测虚拟机 win2016clone 与实验主机的连通性。

（10）在 VMware Workstation 中关闭虚拟机 win2016clone 驻留的 ESXi 主机 192.168.220.133，模拟 ESXi 主机故障。

选中集群 Cluster，单击右侧"监控"选项卡，展开"问题与警报"，选择"已触发的警报"，可以监控集群已触发的警报，如图 5 – 56 所示。单击"警报名称"前面的"＜"可以查看详细信息。

图 5 – 55　配置和使用 vSphere HA 界面 10

持续观察虚拟机的监测结果，如图 5 – 57 所示。当虚拟机能重新访问时，在"摘要"选项卡中查看虚拟机的信息，该虚拟机已经迁移到 ESXi 主机 192.168.220.137 上运行，如图 5 – 58 所示。vSphere HA 应用配置成功。

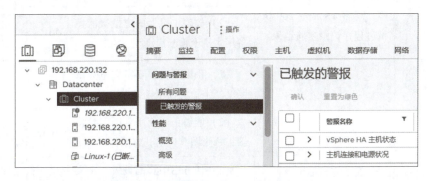

图 5 – 56　配置和使用 vSphere HA 界面 11

图 5 – 57　配置和使用 vSphere HA 界面 12

图 5 – 58　配置和使用 vSphere HA 界面 13

在 ESXi 主机发生故障期间，vSphere HA 会重启虚拟机，而在虚拟机重启过程中，虚拟机提供的应用会终止服务。如果需要实现比 vSphere HA 更高要求的可用性，可以使用 vSphere Fault Tolerance（FT，容错）。

【任务总结】

在本任务中，完成了在 vCenter Server 配置 vSphere HA 并模拟主机故障，验证了 vSphere HA 的有效性。

【任务评价】

序号	主要内容	考核要求	评分标准	配分	扣分	得分
1	方案设计	项目规划设计	（1）网络规划设计符合任务要求	5 分		
			（2）设备配置规划设计符合任务要求	5 分		
2	任务实施	配置集群 vSphere HA 服务，模拟主机运行故障，观察 vSphere HA 执行过程并记录实验结果	（1）正确配置集群 vSphere HA 服务	30 分		
			（2）故障主机上的虚拟机能在备用主机上重新启动	20 分		
3	职业素养	（1）遵守学校纪律，保持实训室整洁干净；（2）文档排版规范；（3）小组独立完成任务	（1）不迟到，遵守实训室规章制度，维护实训室设备	6 分		
			（2）能够正确使用截图工具截图，每张图有说明、有图标	6 分		
			（3）任务书中页面设置、正文标题、正文格式规范	6 分		
			（4）积极解决任务实施过程中遇到的问题	6 分		
			（5）同学之间能够积极沟通	6 分		
			（6）小组独立完成任务，杜绝抄袭	10 分		
备注			合计	100		
小组成员签名						
教师签名						
日期						

任务四　vSphere 容错

【任务介绍】

vSphere HA 通过在主机出现故障时重新启动虚拟机来为虚拟机提供基本级别的保护。vSphere Fault Tolerance 可提供更高级别的可用性，允许用户对任何虚拟机进行保护，以防止主机发生故障时丢失数据、事务或连接。本任务详细介绍了 vSphere FT 的配置和使用。

【任务目标】

熟练掌握 vSphere FT 的管理和使用。

【相关知识】

5.7　vSphere FT 介绍

Fault Tolerance 通过确保主虚拟机和辅助虚拟机的状态在虚拟机指令执行的任何时间点均相同来提供连续可用性。

受保护的虚拟机称为主虚拟机。重复虚拟机，即辅助虚拟机，在其他主机上创建和运行。主虚拟机会持续复制到辅助虚拟机，以便辅助虚拟机可以随时接管工作，从而提供 Fault Tolerant 保护。

微课：vSphere Fault Tolerance 概述

主虚拟机和辅助虚拟机会持续监控彼此的状态，以确保维护 Fault Tolerance。如果运行主虚拟机的主机出现故障，或者在主虚拟机内存中遇到不可更正的硬件错误（在这种情况下，将立即激活辅助虚拟机替换主虚拟机），则会发生透明故障切换。启动新的辅助虚拟机，并自动重新建立 Fault Tolerance 冗余。如果运行辅助虚拟机的主机发生故障，则该主机也会立即被替换。在任一情况下，用户都不会遭遇服务中断和数据丢失的情况。

授课视频：vSphere 容错

容错虚拟机及其辅助副本不允许在相同主机上运行。此限制可确保主机故障不会导致两个虚拟机都丢失。

【任务实施】

5.8　配置使用 vSphere FT

1. 配置 vSphere FT 网络

在本任务中，使用 DportGroup – vmotion 端口组承担 vSphere FT 流量。

（1）在 vCenter Client 界面，导航到"主机和集群"，单击 ESXi 主机（192.168.220.133），单击"配置"，展开"网络"，单击"VMkernel 适配器"，单击"vmk1"前面的"："，单击"编辑"按钮，如图 5–59 所示。

（2）在"vmk1 – 编辑设置 – 端口属性"界面，勾选"Fault Tolerance 日志记录"后，

操作视频：配置使用 vSphere FT

单击"确定"按钮,如图 5-60 所示。

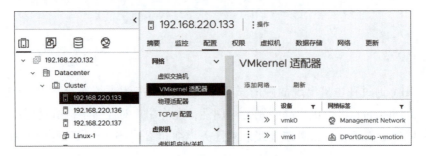

图 5-59　配置 vSphere FT 网络 1

图 5-60　配置 vSphere FT 网络 2

(3) vmk1 已启用 Fault Tolerance 服务,如图 5-61 所示。其他主机按照上述步骤启用 Fault Tolerance 服务。

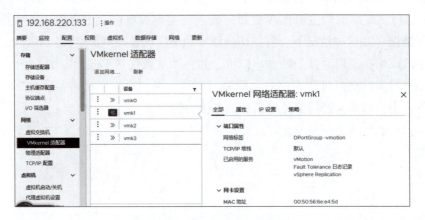

图 5-61　配置 vSphere FT 网络 3

2. 配置和使用 FT

(1) 在 vCenter Client 界面,导航到"主机和集群",关闭虚拟机 win2016clone。右击该虚拟机,在快捷菜单中依次单击"Fault Tolerance"→"打开 Fault Tolerance",如图 5-62 所示。

(2) 在"1. 选择数据存储"界面,选择用于放置辅助虚拟机磁盘和配置文件的数据存储,兼容性检查成功后,单击"下一页"按钮,如图 5-63 所示。

项目五 服务器虚拟化的高可用性部署与实施

图 5-62 配置和使用 vSphere FT 界面 1

（3）在"2.选择主机"界面，选择用以放置辅助虚拟机的主机，兼容性检查成功后，单击"下一页"按钮，如图 5-64 所示。

图 5-63 配置和使用 vSphere FT 界面 2

图 5-64 配置和使用 vSphere FT 界面 3

（4）在"3.即将完成"界面，查看辅助虚拟机的放置详细信息，无误后单击"完成"按钮，如图 5-65 所示。

图 5-65 配置和使用 vSphere FT 界面 4

（5）在 vSphere Client 界面，导航到"主机和集群"，单击集群"Cluster"，此时虚拟机 win2016clone 转换为 FT 主虚拟机并以"（主）"标识。单击右侧"虚拟机"选项卡，在虚拟机列表中，虚拟机 win2016clone（辅助）已创建完成，如图 5-66 所示。此时，虚拟机 win2016clone 处于关闭状态，不受 FT 保护。

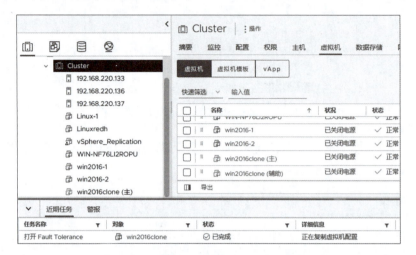

图 5-66　配置和使用 vSphere FT 界面 5

（6）启动虚拟机 win2016clone（主），此时虚拟机 win2016clone（主）会弹出"虚拟机 Fault Tolerance 状态已更改"的警报，在"近期任务"中显示"启用 Fault Tolerance 辅助虚拟机"，如图 5-67 所示。

图 5-67　配置和使用 vSphere FT 界面 6

（7）虚拟机 win2016clone（辅助）正常启动后，虚拟机 win2016clone（主）恢复正常，警报信息消失，如图 5-68 所示，图 5-69 和图 5-70 显示了虚拟机 win2016clone（辅助）和虚拟机 win2016clone（主）驻留的 ESXi 主机以及运行状态。当虚拟机 win2016clone（主）

发生修改时，虚拟机 win2016clone（辅助）也会同步修改。

图 5-68　配置和使用 vSphere FT 界面 7

图 5-69　配置和使用 vSphere FT 界面 8

图 5-70　配置和使用 vSphere FT 界面 9

（9）为测试当虚拟机 win2016clone（主）发生故障时，主虚拟机和辅助虚拟机切换时虚拟机运行是否中断，在实验主机上持续 ping 虚拟机 win2016clone（主），如图 5－71 所示。

图 5－71　配置和使用 vSphere FT 界面 10

（10）在 VMware Workstation 中断开驻留虚拟机 win2016clone（主）的 ESXi 主机（192.168.220.136），模拟主机故障，在 vCenter Client 界面，ESXi 主机（192.168.220.136）已断开连接，虚拟机 win2016clone（主）出现"虚拟机 Fault Tolerance 状况已更改"的警报信息，如图 5－72 所示。单击右侧"监控"，查看"已触发的警报"，显示 Datacenter 的集群 Cluster 中主机 192.168.220.133 上的 win2016clone（主）的 Fault Tolerance 状况已从正在运行更改为需要辅助虚拟机，如图 5－73 所示。此时，虚拟机 win2016clone（主）驻留的ESXi 主机是 192.168.220.133，即辅助虚拟机已切换为主虚拟机，如图 5－74 所示。图 5－75 是持续访问

图 5－72　配置和使用 vSphere FT 界面 11

虚拟机的情况，并没有中断，即主虚拟机和辅助虚拟机切换时，虚拟机运行没有中断。

图 5－73　配置和使用 vSphere FT 界面 12

图 5-74 配置和使用 vSphere FT 界面 13

图 5-75 配置和使用 vSphere FT 界面 14

（11）重启 ESXi 主机（192.168.220.136）后，虚拟机 win2016clone（辅助）建立，如图 5-76 所示。图 5-77 显示该辅助虚拟机驻留在 ESXi 主机 192.168.220.136 上。

图 5-76 配置和使用 vSphere FT 界面 15

图 5-77 配置和使用 vSphere FT 界面 16

（12）如果要关闭 Fault Tolerance，右键单击虚拟机，在出现的菜单中依次单击"Fault Tolerance"→"关闭 Fault Tolerance"，在弹出的"关闭 Fault Tolerance"界面中单击"是"按钮，如图 5-78 所示。

图 5-78 配置和使用 vSphere FT 界面 17

【任务总结】

在本任务中为集群中的一台虚拟机开启 vSphere FT 保护，模拟主机故障，记录了 vSphere FT 执行过程，验证了 vSphere FT 的有效性。

【任务评价】

序号	主要内容	考核要求	评分标准	配分	扣分	得分
1	方案设计	项目规划设计	（1）网络规划设计符合任务要求	5 分		
			（2）设备配置规划设计符合任务要求	5 分		
2	任务实施	为集群中的一台虚拟机开启 vSphere FT 保护，模拟主机故障，记录 vSphere FT 执行过程	（1）正确配置集群 vSphere HA 服务	30 分		
			（2）故障主机上的虚拟机能在备用主机上重新启动	20 分		
3	职业素养	（1）遵守学校纪律，保持实训室整洁干净；（2）文档排版规范；（3）小组独立完成任务	（1）不迟到，遵守实训室规章制度，维护实训室设备	6 分		
			（2）能够正确使用截图工具截图，每张图有说明、有图标	6 分		
			（3）任务书中页面设置、正文标题、正文格式规范	6 分		
			（4）积极解决任务实施过程中遇到的问题	6 分		
			（5）同学之间能够积极沟通	6 分		
			（6）小组独立完成任务，杜绝抄袭	10 分		
备注			合计	100		
小组成员签名						
教师签名						
日期						

项目六

虚拟化运维

【项目介绍】

VMware vSphere Replication 可以高效地复制和恢复虚拟机。VMware Converte 是一种将虚拟机和物理机转换为 VMware 虚拟机的可扩展解决方案，vRealize Operations Manage 是集监控、分析、告警等多功能合一的管理平台。本项目介绍 VMware vSphere Replication、VMware Converter 和 vRealize Operations Manager 的安装与配置，实现 vSphere 的运维管理。

【项目目标】

一、知识目标

（1）理解 VMware vCenter Converter Standalone 的定义、作用以及功能。
（2）理解 VMware vSphere Replication 的定义和功能。
（3）理解 vRealize Operations Manager 的作用。

二、能力目标

（1）学会 VMware vCenter Converter Standalone 的安装以及转换虚拟机。
（2）学会 VMware vSphere Replication 的部署及应用。
（3）学会 vRealize Operations Manager 的部署、初始化配置。
（4）学会使用 vRealize Operations Manager 对 vCenter 的运维进行监控。

三、素质目标

（1）通过对虚拟化运维工程师的职责进行介绍，培养学生学习虚拟化运维的兴趣。
（2）通过小组合作完成项目，培养学生团队合作的意识。

【项目内容】

任务一　VMware vCenter Converter 安装与应用

【任务介绍】

VMware Converter 是一款能将物理计算机系统、VMware 其他版本虚拟机镜像或第三方虚拟机镜像转化为一个虚拟机映像文件的工具。本任务使用 VMware Converter 实现虚拟机迁移。

【任务目标】

（1）完成 VMware vCenter Converter 的安装与设置。
（2）使用 VMware vCenter Converter 进行迁移。

【相关知识】

6.1　VMware vCenter Converter Standalone 简介

1. vCenter Converter Standalone 的概念

VMware vCenter Converter Standalone 是一种用于将虚拟机和物理机转换为 VMware 虚拟机的可扩展解决方案。此外，还可以在 vCenter Server 环境中配置现有虚拟机。Converter Standalone 简化了虚拟机在以下产品中的交换：

（1）VMware 托管产品既可以是转换源，也可以是转换目标。
（2）VMware Workstation、VMware Fusion™、VMware Server。
（3）VMware Player。
（4）运行在 vCenter Server 管理的 ESX 实例上的虚拟机既可以是转换源，也可以是转换目标。
（5）运行在非受管 ESX 主机上的虚拟机既可以是转换源，也可以是转换目标。

还可以使用 VMware Consolidated Backup（VCB）映像创建 VMware 虚拟机。

微课：物理机与虚拟机的搬运工

2. vCenter Converter Standalone 的功能

使用 Converter Standalone 进行迁移涉及转换物理机、虚拟机和系统映像，以供 VMware 托管和受管产品使用。可以转换 vCenter Server 管理的虚拟机，以供其他 VMware 产品使用。可以使用 Converter Standalone 执行若干转换任务。

（1）将正在运行的远程物理机和虚拟机作为虚拟机导入 vCenter Server 管理的独立 ESX/ESXi 或 ESX/ESXi 主机。
（2）将由 VMware Workstation 或 Microsoft Hyper-V Server 托管的虚拟机导入 vCenter Server 管理的 ESX/ESXi 主机。
（3）将第三方备份或磁盘映像导入 vCenter Server 管理的 ESX/ESXi 主机中。

授课视频：VMware vCenter Converter Standalone 简介

（4）将由 vCenter Server 主机管理的虚拟机导出到其他 VMware 虚拟机格式。

（5）配置 vCenter Server 管理的虚拟机，使其可以引导，并可安装 VMware Tools 或自定义其客户机操作系统。自定义 vCenter Server 清单中的虚拟机的客户机操作系统（例如，更改主机名或网络设置）。缩短设置新虚拟机环境所需的时间。

（6）将旧版服务器迁移到新硬件，而不重新安装操作系统或应用程序软件。跨异构硬件执行迁移。

（7）重新调整卷大小，并将各卷放在不同的虚拟磁盘上。

【任务实施】

6.2 VMware vCenter Converter Standalone 的安装与应用

可在物理机或虚拟机上安装 Converter Standalone，也可修改或修复 Converter Standalone 安装。

本地安装可安装 Converter Standalone 服务器、Converter Standalone 代理和 Converter Standalone 客户端，以供在本地使用。

在客户端 – 服务器安装过程中，可以选择要安装到系统中的 Converter Standalone 组件。

操作视频：
VMware vCenter
Converter Standalone
的安装与应用

安装 Converter Standalone 服务器和远程访问时，本地计算机将成为用于转换的服务器，可以对其进行远程管理。安装 Converter Standalone 服务器和 Converter Standalone 客户端时，可以使用本地计算机访问远程 Converter Standalone 服务器或在本地创建转换任务。

如果仅安装 Converter Standalone 客户端，则可以连接到远程 Converter Standalone 服务器。然后可使用远程计算机转换托管虚拟机、受管虚拟机或远程物理机。

授课视频：
VMware vCenter
Converter Standalone
的安装与应用

从 https://my.vmware.com/web/vmware/downloads 下载 vCenter Convert Standalone 的最新版本 VMware vCenter Converter 6.4.0 进行安装。

在本任务中，将 vCenter Convert Standalone 安装在 Windows Server 2016 虚拟机中。将 vCenter Convert Standalone 安装程序复制到 Windows Server 2016 虚拟机。

1. vCenter Convert Standalone 安装

（1）运行 VMware Converter 安装程序，如图 6 – 1 所示。

（2）在"Welcome to the Installation Wizard for VMware vCenter Converter Standalone"（欢迎使用 VMware vCenter Converter Standalone 的安装向导）界面中，单击"Next"按钮，如图 6 – 2 所示。

（3）在"End – User Patent Agreement"（最终用户专利协议）界面中，单击"Next"按钮，如图 6 – 3 所示。

图 6-1　VMware Converter 安装界面

图 6-2　欢迎使用 VMware Converter Standalone 界面

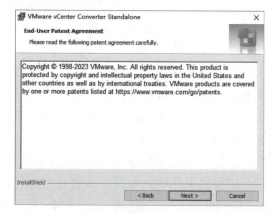

图 6-3　最终用户专利协议界面

（4）在"End-User License Agreement"（最终用户许可协议）界面中，选择"I agree to the terms in the License Agreement"（我同意许可协议中的条款），然后单击"Next"按钮，如图 6-4 所示。

（5）在"Destination Folder"（目标文件夹）界面，选择 VMware vCenter Converter 的安装位置，单击"Next"按钮，如图 6-5 所示。

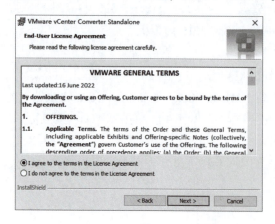

图 6-4　最终用户许可协议界面

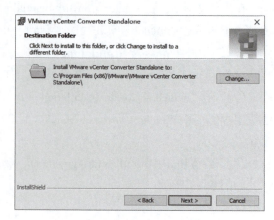

图 6-5　目标文件夹界面

(6) 在"Setup Type"(安装类型)界面中,选择"Local installation"(本地安装),单击"Next"按钮,如图 6-6 所示。

(7) 其他选择默认值,直到安装完成,如图 6-7~图 6-10 所示。

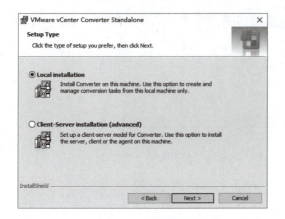

图 6-6 安装类型界面

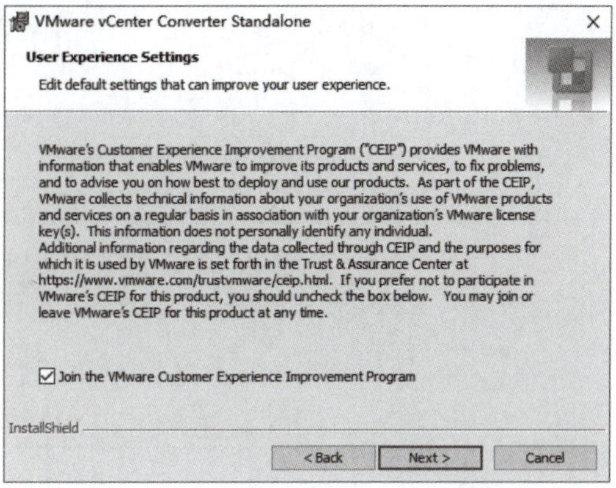

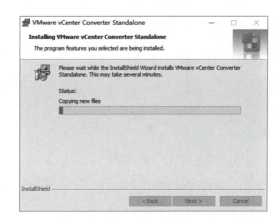

图 6-7 用户经验设置界面

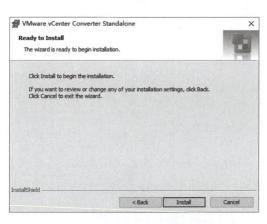

图 6-8 准备安装界面

图 6-9 开始安装界面

图 6-10 VMware Converter 安装完成界面

2. vCenter Convert Standalone 的应用

在本任务中，将 Windows Server 2016 虚拟机迁移至 vCenter Server。

（1）进入管理界面。

双击 VMware vCenter Converter 软件图标 ![icon]，打开软件界面，进入操作界面，如图 6-11 所示。

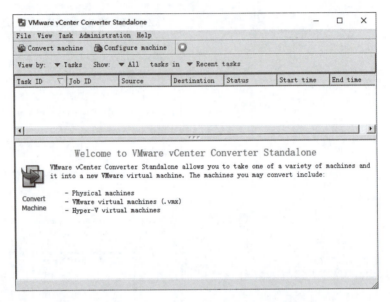

图 6-11　VMware Converter 主界面

（2）单击图 6-11 中的"Convter machine"，将弹出"Source System"界面，在源类型中，分为 Powered on 和 Powered off 两种类型，如图 6-12 和图 6-13 所示。

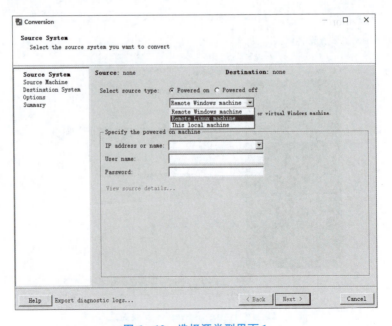

图 6-12　选择源类型界面 1

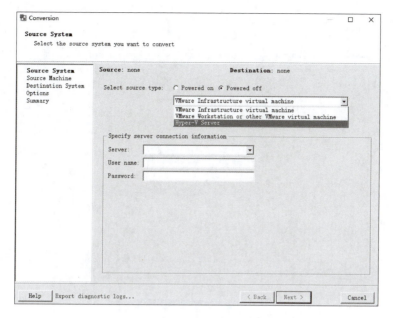

图 6-13 选择源类型界面 2

Powered on 是将在线的 Windows 或 Linux 转化迁移到 ESXi，包括内容 Remote Windows machine、Remote Linux machine 和 This local machine 三方面的内容。Remote Windows machine 支持对 Windows 操作系统的源机器进行转换；Remote Linux machine 支持对 Linux 操作系统的源机器进行转换；This local machine 将本地的计算机转换为虚拟机并部署到目标主机中。

Powered off 包括内容如下：

VMware Infrastructure virtual machine：VMware vSphere 主机下虚拟机，即从 vCenter 或者 ESXi 转换一台虚拟机。

VMware Workstation or other VMware virtual machine：从 VMware workstation、VMware Player、VMware Fusion 或者其他 VMware 产品中转换一台虚拟机。

Hyper-V Server：从微软 Hyper-V 服务器中转换一台虚拟机。

在本任务中，选择 Powered on 中的"This local machine"将 Windows Server 2016 虚拟机迁移至 vCenter Server，如图 6-14 所示，单击"Next"按钮。

（3）在"Destination System"界面中，选择目标类型，在本任务中，选择"VMware Infrastructure virtual machine"，在"VMware Infrastructure server details"下面的输入栏中输入 vCenter Server 的 IP 地址、User name 和 Password 信息，单击"Next"按钮，如图 6-15 所示，在出现的安全警告界面中，单击"Ignore"按钮，如图 6-16 所示。

（4）在"Destination Virtual Machine"界面中，在"Name"输入栏中输入被转换的虚拟机名称，单击"Next"按钮，如图 6-17 所示。

（5）在"Destination Location"界面中，选择转换的虚拟机存放的 ESXi 主机，在这里选择 IP 地址是 192.168.220.133 的 ESXi 主机，单击"Next"按钮，如图 6-18 所示。

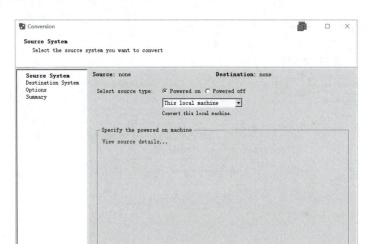

图 6-14　选择源类型界面 3

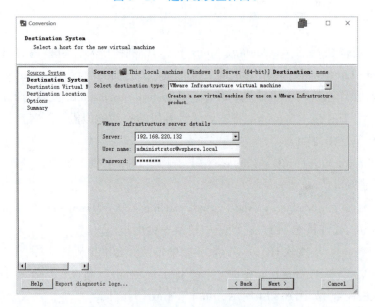

图 6-15　输入服务器、用户名和密码界面

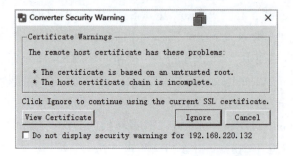

图 6-16　VMware Converter 安装界面

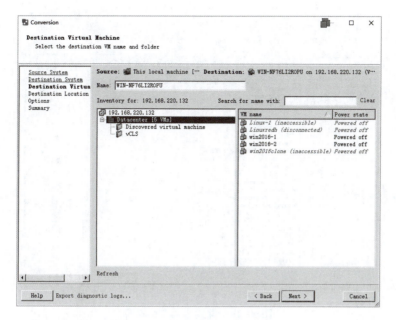

图 6-17 选择被转换的虚拟机界面

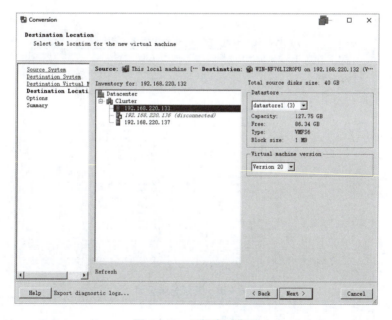

图 6-18 目标类型界面

（6）在"Options"界面中，在此处可编辑多项内容，比如转换复制的数据、虚拟机的硬件配置、网络配置、服务配置以及一些高级选项，单击"Edit"可编辑选项的配置，如图 6-19 所示。

（7）进入配置"Summary"界面，可以查看源系统和目标系统的信息，单击"Finish"按钮，如图 6-20 所示，虚拟机开始转换。

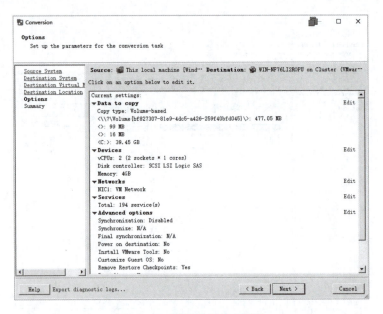

图 6-19 配置选项内容界面

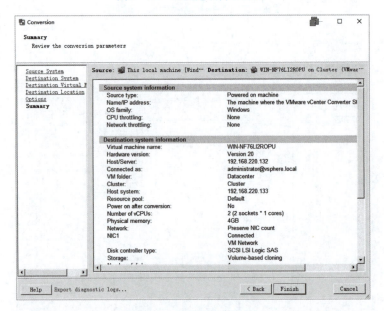

图 6-20 配置总结界面

(8) 在虚拟机转换界面将显示源系统信息、目的 vCenter Server 信息、当前运行状态或进度、任务开始时间、预计结束时间等,如图 6-21 所示。当"Staus"显示为"Completed"时,表示虚拟机转换完成,如图 6-22 所示。

(9) 在 vSphere Client 界面,可以看到 WIN-NF76LI2ROPU 虚拟机,启动该虚拟机,如图 6-23 所示。

至此,使用 VMware vCenter Converter 将计算机转换为虚拟机并部署到目标主机的任务完成。

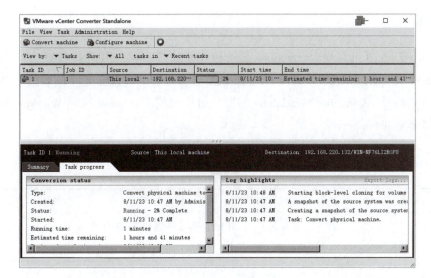

图 6-21 虚拟机转换界面

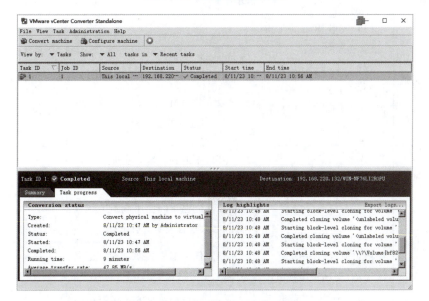

图 6-22 虚拟机转换完成界面

图 6-23 启动转换成功的虚拟机界面

【任务总结】

VMware vCenter Converter Standalone 是一种用于将虚拟机和物理机转换为 VMware 虚拟机的可扩展解决方案。使用 Converter Standalone 可执行若干转换任务。在本任务中,详细介绍了 VMware vCenter Converter Standalone 的安装过程,使用 vConverter 将 Windows Server 2016 虚拟机迁移至 vCenter Server。

【任务评价】

序号	主要内容	考核要求	评分标准	配分	扣分	得分
1	方案设计	项目规划设计	(1) 网络规划设计符合任务要求	5分		
			(2) 设备配置规划设计符合任务要求	5分		
2	任务实施	(1) 安装 vCenter Converter Standalone;(2) 使用 vConverter 将 ESXi 主机中的一台虚拟机迁移至 VMware Workstion	(1) 正确安装 vCenter Converter Standalone	10分		
			(2) 在 VMware Workstation 中成功开启迁移的虚拟机	40分		
3	职业素养	(1) 遵守学校纪律,保持实训室整洁干净;(2) 文档排版规范;(3) 小组独立完成任务	(1) 不迟到,遵守实训室规章制度,维护实训室设备	6分		
			(2) 能够正确使用截图工具截图,每张图有说明、有图标	6分		
			(3) 任务书中页面设置、正文标题、正文格式规范	6分		
			(4) 积极解决任务实施过程中遇到的问题	6分		
			(5) 同学之间能够积极沟通	6分		
			(6) 小组独立完成任务,杜绝抄袭	10分		
备注			合计	100		
小组成员签名						
教师签名						
日期						

任务二 VMware vSphere Replication 部署与应用

【任务介绍】

VMware vSphere Replication 是基于 Hypervisor 的异步复制解决方案，它与 VMware vCenter Server 和 vSphere Web Client 全面集成，提供了灵活、可靠且经济高效的复制功能，可为环境中所有虚拟机提供数据保护和进行灾难恢复。本任务使用 VMware vSphere Replication 虚拟机的备份和恢复。

【任务目标】

（1）熟练掌握 VMware vSphere Replication 的部署与配置。
（2）熟练掌握使用 VMware vSphere Replication 创建虚拟机备份。
（3）熟练掌握使用 VMware vSphere Replication 恢复虚拟机备份。

【相关知识】

6.3 VMware vSphere Replication 简介

1. VMware vSphere Replication 的概念

vSphere Replication 是基于存储的复制的一个备用方案。它可以通过在以下站点之间复制虚拟机来保护虚拟机，以免出现部分或整个站点故障：

（1）从源站点到目标站点。
（2）在一个站点中从一个集群到另一个集群。
（3）从多个源站点到一个共享远程目标站点。

与基于存储的复制相比较，vSphere Replication 提供了多种益处：

（1）每个虚拟机的数据保护成本更低。
（2）复制解决方案允许灵活选择源站点和目标站点的存储供应商。
（3）每次复制的总体成本更低。

微课：vSphere Replication 简介

授课视频：VMware vSphere Replication 简介

2. VMware vSphere Replication 的功能

（1）使用 vSphere Replication 可以快速、高效地将虚拟机从源数据中心复制到目标站点。
（2）可以部署附加 vSphere Replication 服务器以满足负载均衡需求。
（3）设置复制基础架构后，可以在不同的恢复点目标（RPO）中选择要复制的虚拟机。可以启用多时间点保留策略来存储已复制虚拟机的多个实例。恢复后，保留的实例可以作为已恢复虚拟机的快照来使用。
（4）配置复制时，可以使用 VMware vSAN 数据存储作为目标数据存储，并为副本虚拟机及其磁盘选择目标存储配置文件。
（5）可以在 Site Recovery 用户界面中配置所有 vSphere Replication 功能，例如管理站点、注册其他复制服务器来监控和管理复制。

3. Site Recovery 客户端插件

vSphere Replication 设备向 vSphere Client 添加了一个插件。该插件名为 Site Recovery，Site Recovery Manager 也可共享该插件。

可使用 Site Recovery 客户端插件执行所有 vSphere Replication 操作。

（1）查看向同一个 vCenter Single Sign-On 注册的所有 vCenter Server 实例的 vSphere Replication 状态。

（2）打开 Site Recovery 用户界面。

（3）在配置用于复制的虚拟机的"摘要"选项卡上查看复制配置参数摘要。

（4）通过选择虚拟机并使用上下文菜单，重新配置一个或多个虚拟机的复制。

【任务实施】

6.4 VMware vSphere Replication 部署与应用

1. 部署 VMware vSphere Replication

（1）安装前准备。从 https://my.vmware.com/web/vmware/downloads 下载 vSphere Replication 的 ISO 文件，本项目采用的是 VMware-vSphere_Replication-8.7.0-21850256。

（2）镜像文件解压。解压 VMware-vSphere_Replication-8.7.0-21850256.iso 文件，在文件夹 bin 里面找到 vSphere_Replication_OVF10.ovf、vSphere_Replication-support.vmdk 和 vSphere_Replication-system.vmdk 三个文件，如图 6-24 所示。

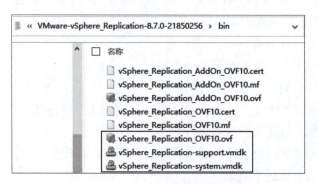

授课视频：VMware vSphere Replication 部署与应用

图 6-24 部署 vSphere Replication 8.7 管理界面 1

（3）启动部署向导。在 vSphere Client 界面，右键单击目标集群，在快捷菜单中单击 "部署 OVF 模板…"，如图 6-25 所示。

（4）部署 OVF 模板。在 "1. 选择 OVF 模板"界面，选中"本地文件"，单击"上载文件"按钮，如图 6-26 所示，浏览并导航到 ISO 镜像中的"\bin"目录，选择"vSphere_Replication_OVF10.ovf""vSphere_

图 6-25 部署 vSphere Replication 8.7 管理界面 2

Replication – support. vmdk"和"vSphere_ Replication – system. vmdk"文件,如图 6 – 26 所示,单击"下一页"按钮。

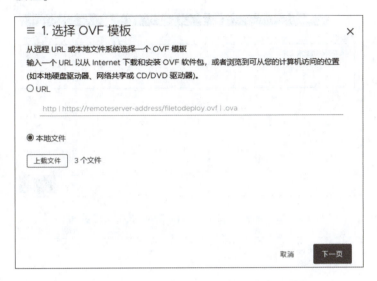

图 6 – 26　部署 vSphere Replication 8.7 管理界面 3

(5) 在"2. 选择名称和文件夹"界面,输入虚拟机名称,选择虚拟机存放位置,如图 6 – 27 所示,单击"下一页"按钮。

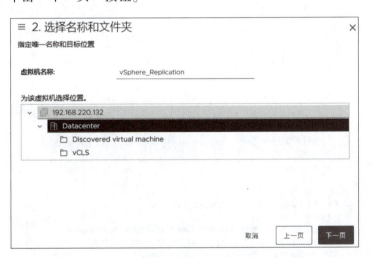

图 6 – 27　部署 vSphere Replication 8.7 管理界面 4

(6) 在"3. 选择计算资源"界面,选择目标计算资源,兼容性检查成功后,单击"下一页"按钮,如图 6 – 28 所示。

(7) 在"4. 查看详细信息"界面,查看 OVF 模板信息和配置信息,如图 6 – 29 所示,单击"下一页"按钮。

(8) 在"5. 许可协议"界面,勾选"我接受所有许可协议。",如图 6 – 30 所示,单击"下一页"按钮。

操作视频:部署 VMware vSphere Replication

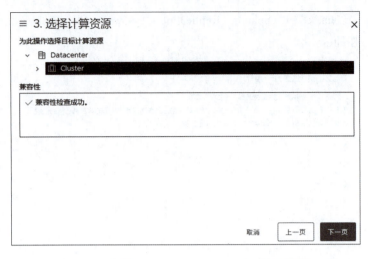

图 6-28 部署 vSphere Replication 8.7 管理界面 5

图 6-29 部署 vSphere Replication 8.7 管理界面 6

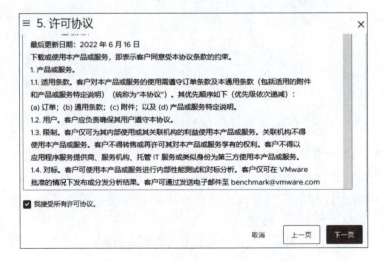

图 6-30 部署 vSphere Replication 8.7 管理界面 7

(9) 在"6. 配置"界面，选择虚拟设备 vCPU 的数量，如图 6-31 所示，单击"下一页"按钮。

图 6-31　部署 vSphere Replication 8.7 管理界面 8

(10) 在"7. 选择存储"界面，虚拟磁盘格式选择"厚置备延迟置零"，选择虚拟机存放的数据存储，兼容性检查成功后，单击"下一页"按钮，如图 6-32 所示。

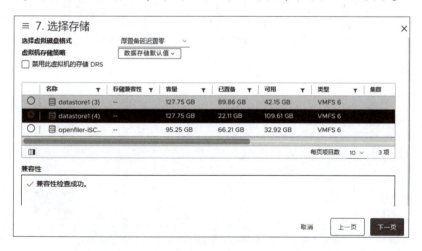

图 6-32　部署 vSphere Replication 8.7 管理界面 9

(11) 在"8. 选择网络"界面，选择目标网络，IP 分配选择"静态-手动"，IP 协议选择"IPv4"，单击"下一页"按钮，如图 6-33 所示。

(12) "9. 自定义模板"界面包括"应用程序"和"网络属性"，如图 6-34 所示。应用程序主要包括启用 SSHD、初始 root 密码、初始管理员用户密码、NTP 服务器、主机名、文件完整性标记。初始 root 密码用于登录虚拟机本地的命令行界面（Linux），初始管理员密码用于登录 VR 虚拟机的 Web 管理后台，如图 6-35 所示。在本任务中，设置初始 root 密码和初始管理员用户密码，其他选项均保持默认值；网络属性主要包括主机网络 IP 地址族、

图 6-33　部署 vSphere Replication 8.7 管理界面 10

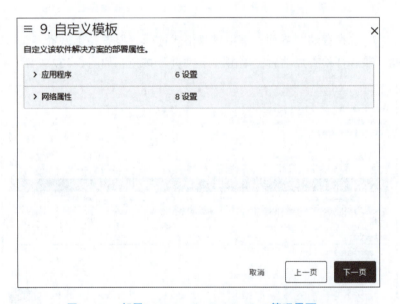

图 6-34　部署 vSphere Replication 8.7 管理界面 11

主机网络模式、默认网关、域名、域搜索路径、域名服务器、网络 IP 地址、网络 1 网络前缀，如图 6-36 所示。在本任务中，主机网络 IP 地址族选择 IPv4，主机网络模式选择 DHCP，默认网关填写为 192.168.220.2，域名、域搜索路径、域名服务器、网络 IP 地址均为空，网络 1 网络前缀即为子网掩码，这里填写为 24。所有必填选项填好后，单击"下一页"按钮。

（13）在"10. 即将完成"界面，检查配置信息均正确后，单击"完成"按钮，如图 6-37 所示，等待完成部署任务。可以在"近期任务"中查看 OVF 模板的部署状态，如图 6-38 所示。当 OVF 模板部署成功后，可以在集群中看到 vSphere_Replication 虚拟机，如图 6-39 所示。

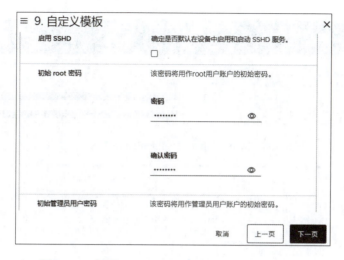

图 6-35　部署 vSphere Replication 8.7 管理界面 12

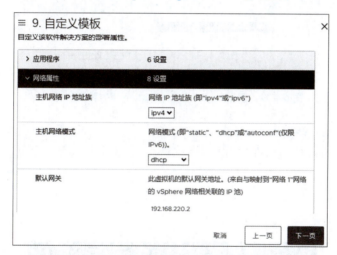

图 6-36　部署 vSphere Replication 8.7 管理界面 13

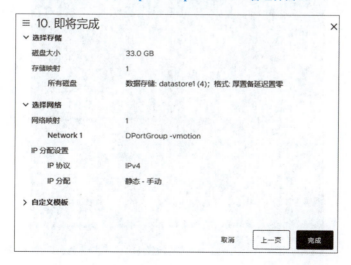

图 6-37　部署 vSphere Replication 8.7 管理界面 14

图 6-38　部署 vSphere Replication 8.7 管理界面 15

图 6-39　部署 vSphere Replication 8.7 管理界面 16

2. 配置 VMware vSphere Replication

vSphere Replication 虚拟机在集群部署完毕后,需要进行初始配置后才能使用。

(1)启动 vSphere_Replication 虚拟机,当控制台显示为蓝色界面时,代表 VR 虚拟机启动完毕,如图 6-40 所示。

操作视频:
配置 VMware
vSphere Replication

图 6-40　VR 虚拟机启动成功界面

（2）通过 vSphere Replication URL：https://192.168.220.154:5480/访问 vSphere Replication 8.7 管理界面，输入用户名"admin"和部署中设置的管理员密码，登录 vSphere Replication 8.7，如图 6–41 所示，单击"配置设备"按钮。

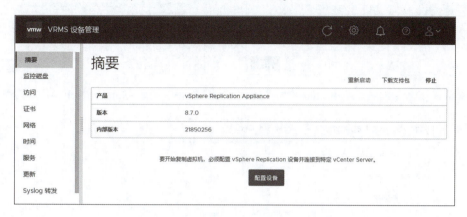

图 6–41　配置 vSphere Replication 8.7 界面 1

（3）在"配置 vSphere Replication – Platform Services Controller"界面，输入 vCenter Server 的 IP 地址，在"用户名"和"密码"栏分别输入 vCenter Server 管理员用户名和密码，单击"下一步"按钮，如图 6–42 所示。

（4）在"安全警示"界面，单击"连接"按钮，如图 6–43 所示。

图 6–42　配置 vSphere Replication 8.7 界面 2　　图 6–43　配置 vSphere Replication 8.7 界面 3

（5）在"vCenter Server"界面，选择要注册到的目标 vCenter Server，单击"下一步"按钮，如图 6–44 所示。

（6）在"安全警示"界面，单击"连接"按钮，如图 6–45 所示。

（7）在"名称和扩展名"界面，在"站点名称"栏输入"vSphere Replication"，在"管理员电子邮件"栏输入管理员的邮箱地址，单击"下一步"按钮，如图 6–46 所示。

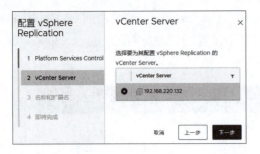

图 6-44 配置 vSphere Replication 8.7 界面 4

图 6-45 配置 vSphere Replication 8.7 界面 5

图 6-46 配置 vSphere Replication 8.7 界面 6

（8）在"即将完成"界面，核对各个配置项参数值无误后单击"完成"按钮，如图 6-47 所示；开始配置 vSphere Replication 8.7，如图 6-48 所示；vSphere Replication 8.7 配置完成界面如图 6-49 所示。

图 6-47 配置 vSphere Replication 8.7 界面 7

图 6-48 配置 vSphere Replication 8.7 界面 8

图 6-49　配置 vSphere Replication 8.7 界面 9

3. 使用 vSphere Replication 8.7 备份虚拟机

vSphere Replication 8.7 配置完成后，可以访问 URL：192.168.220.154：5480 监控管理 VR，也可以登录 vSphere Client 使用 vSphere Replication 备份和恢复虚拟机。

（1）在 vSphere Client 界面，单击 "192.168.220.132"（vCenter Server 的 IP 地址），依次单击 "扩展插件"→"VR 管理"，如图 6-50 所示。

操作视频：
使用 VMware
vSphere Replication
备份与恢复虚拟机

图 6-50　使用 vSphere Replication 8.7 备份虚拟机界面 1

（2）在 "VR 管理" 界面，单击 "解决方案" 中的 "单击以查看"，如图 6-51 所示。

（3）在图 6-52 中，单击 "LAUNCH SITE RECOVERY"，进入 vSphere Replication 服务管理界面，如图 6-53 所示，单击图 6-53 中的 "查看详细信息" 按钮。

（4）在 "Site Recovery" 界面，单击 "复制" 选项卡，然后单击 "新建" 按钮，如图 6-54 所示。

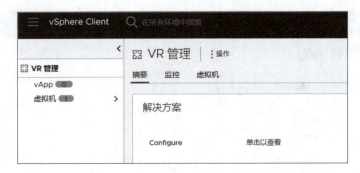

图 6–51　使用 vSphere Replication 8.7 备份虚拟机界面 2

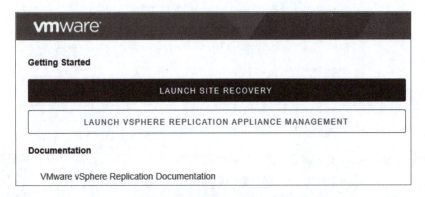

图 6–52　使用 vSphere Replication 8.7 备份虚拟机界面 3

图 6–53　使用 vSphere Replication 8.7 备份虚拟机界面 4

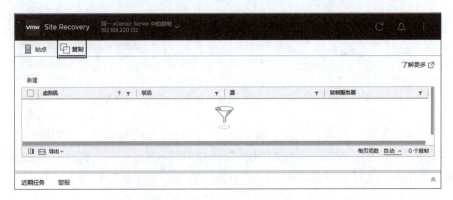

图 6–54　使用 vSphere Replication 8.7 备份虚拟机界面 5

(5)在"配置复制-目标站点"界面,选择"自动分配 vSphere Replication 服务器",单击"下一步"按钮,如图6-55所示。

图6-55 使用 vSphere Replication 8.7 备份虚拟机界面6

(6)在"虚拟机"界面,选择要保护的虚拟机,单击"下一步"按钮,如图6-56所示。

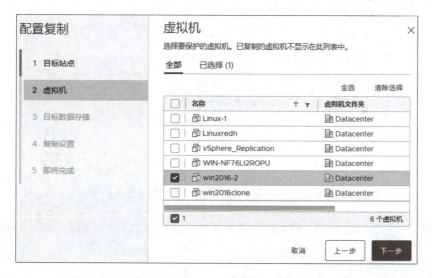

图6-56 使用 vSphere Replication 8.7 备份虚拟机界面7

(7)在"目标数据存储"界面,选择"Datastore-NFS",其他配置项均保持默认值,单击"下一步"按钮,如图6-57所示。

(8)在"复制设置"界面配置虚拟机的复制设置。

设置恢复点目标(RPO)值时,需要确定可以忍受的数据丢失上限。在本任务中将"恢复点目标(PRO)"设置为5分钟。

勾选"启用时间点实例",将每日实例数改为"2","天"仍然设置为5,表示每天保留目标虚拟机的2个备份,保持最近5天的备份。

勾选"为 VR 数据启用网络压缩",其他配置项均保持默认值,单击"下一步"按钮,如图6-58所示。

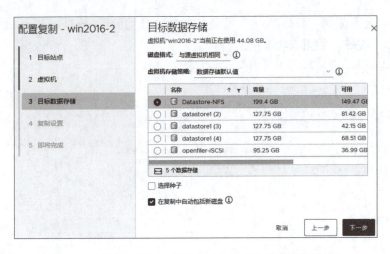

图 6-57　使用 vSphere Replication 8.7 备份虚拟机界面 8

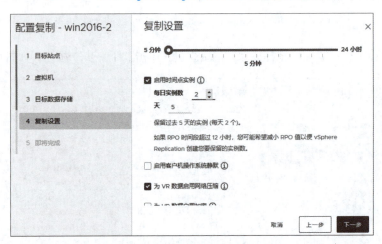

图 6-58　使用 vSphere Replication 8.7 备份虚拟机界面 9

（9）在"即将完成"界面，核对各配置项参数值，单击"完成"按钮，如图 6-59 所示。

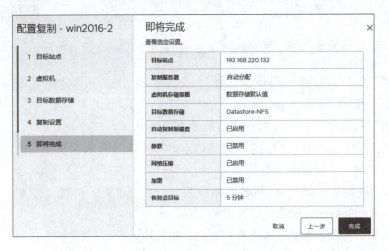

图 6-59　使用 vSphere Replication 8.7 备份虚拟机界面 10

（10）创建完成的虚拟机备份策略将自动执行初次同步和备份，如图 6-60 所示。初次备份完成，如图 6-61 所示。

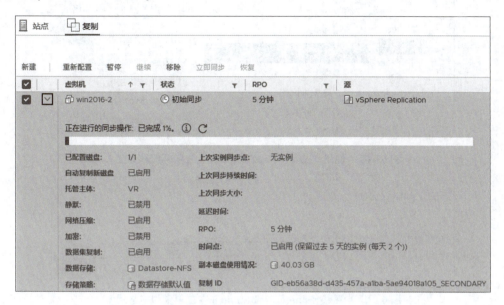

图 6-60　使用 vSphere Replication 8.7 备份虚拟机界面 11

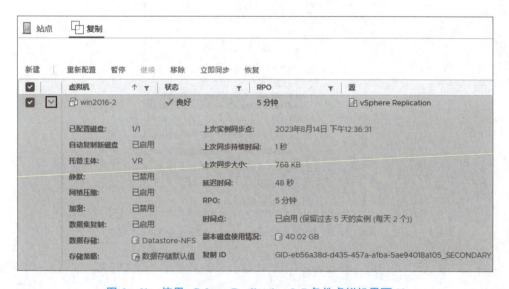

图 6-61　使用 vSphere Replication 8.7 备份虚拟机界面 12

（11）使用 vSphere Replication 备份虚拟机完成后，每隔一个备份时间 vSphere Replication 将自动执行虚拟机备份。

4. 使用 vSphere Replication 8.7 恢复虚拟机

（1）创建存储 vSphere Replication 恢复的文件夹。右击数据中心，依次单击快捷菜单上的"新建文件夹"→"新建虚拟机和模板文件夹"，如图 6-62 所示，在"新建文件夹"界面输入文件夹的名称，如图 6-63 所示，创建完成的文件夹如图 6-64 所示。

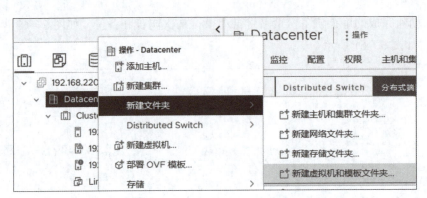

图 6-62　使用 vSphere Replication 8.7 恢复虚拟机界面 1

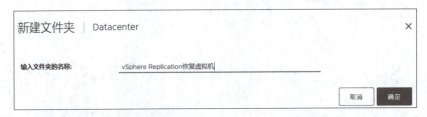

图 6-63　使用 vSphere Replication 8.7 恢复虚拟机界面 2

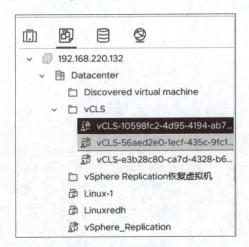

图 6-64　使用 vSphere Replication 8.7 恢复虚拟机界面 3

（2）在完成初次备份后，在备份虚拟机 win2016-2 中创建一个文件夹，如图 6-65 所示。

图 6-65　使用 vSphere Replication 8.7 恢复虚拟机界面 4

(3) 单击图 6 – 61 中的"已启用",可以查看已经保留的两个备份,一个是初次备份,另一个是最近一次的备份,如图 6 – 66 所示。

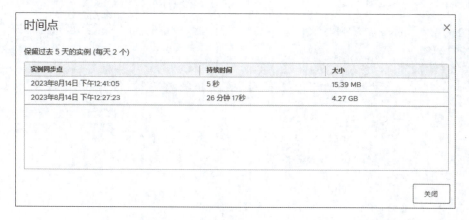

图 6 – 66　使用 vSphere Replication 8.7 备份虚拟机界面 5

(4) 恢复虚拟机操作。在图 6 – 61 中,勾选需要执行恢复的虚拟机,单击"恢复",在弹出的"恢复虚拟机 – 恢复选项"中,勾选"使用最新可用数据"和"恢复后打开虚拟机电源。",单击"下一步"按钮,如图 6 – 67 所示。

(5) 在"文件夹"界面,选择已经创建的"vSphere Replication 恢复虚拟机"文件夹,单击"下一步"按钮,如图 6 – 68 所示。

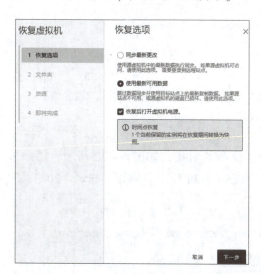

图 6 – 67　使用 vSphere Replication 8.7
恢复虚拟机界面 6

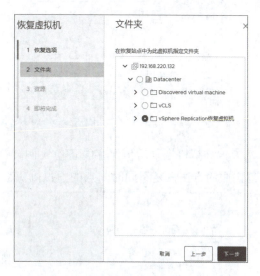

图 6 – 68　使用 vSphere Replication 8.7
恢复虚拟机界面 7

(6) 在"资源"界面,选择合适的 ESXi 主机,单击"下一步"按钮,如图 6 – 69 所示。

(7) 在"即将完成"界面,核对各配置项参数值,单击"完成"按钮,如图 6 – 70 所示。

注:已恢复的虚拟机的网络设备将断开连接,如果源虚拟机可用,需要确保其关闭电源后,再将已恢复的虚拟机连接到网络。造成此问题的原因是恢复的虚拟机和源虚拟机的 IP

地址冲突。

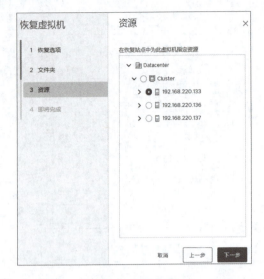

图 6-69　使用 vSphere Replication 8.7 恢复虚拟机界面 8

图 6-70　使用 vSphere Replication 8.7 恢复虚拟机界面 9

（8）在"Site Recovery"界面，恢复操作执行完后，当前虚拟机状态显示"已恢复"，如图 6-71 所示。

图 6-71　使用 vSphere Replication 8.7 恢复虚拟机界面 10

（9）虚拟机恢复后，保存的备份实例转换为快照的形式，如图 6-72 所示，可以采用恢复快照的方法恢复不同时间点的虚拟机状态，如图 6-73 所示。例如，选定"2023-08-

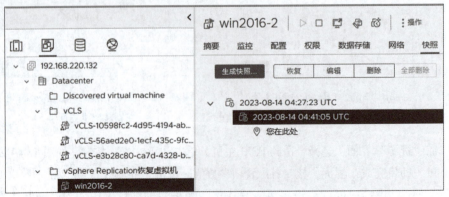

图 6-72　使用 vSphere Replication 8.7 恢复虚拟机界面 11

14 04:41:05 UTC",单击"恢复"按钮,登录虚拟机 win2016-2 观察桌面,如图 6-74 所示;选定"2023-08-14 04:27:23 UTC"(初次备份),单击"恢复"按钮,登录虚拟机 win2016-2 观察桌面,如图 6-75 所示。

图 6-73　使用 vSphere Replication 8.7 恢复虚拟机界面 12

图 6-74　使用 vSphere Replication 8.7 恢复虚拟机界面 13

图 6-75　使用 vSphere Replication 8.7 恢复虚拟机界面 14

【任务总结】

　　本任务完成了 VMware vSphere Replication 的部署与配置,使用 VMware vSphere Replication 创建了虚拟机备份并使用 VMware vSphere Replication 恢复虚拟机备份。

【任务评价】

序号	主要内容	考核要求	评分标准	配分	扣分	得分
1	方案设计	项目规划设计	（1）网络规划设计符合任务要求	5分		
			（2）设备配置规划设计符合任务要求	5分		
2	任务实施	（1）部署并配置 VR； （2）使用 VR 对任意 ESXi 主机中的虚拟机执行备份和恢复操作	（1）正确配置承载 VR 流量的网络	5分		
			（2）正确部署 VR	10分		
			（3）正确配置 VR	10分		
			（4）正确备份虚拟机并且能够恢复虚拟机	15分		
3	职业素养	（1）遵守学校纪律，保持实训室整洁干净； （2）文档排版规范； （3）小组独立完成任务	（1）不迟到，遵守实训室规章制度，维护实训室设备	6分		
			（2）能够正确使用截图工具截图，每张图有说明、有图标	6分		
			（3）任务书中页面设置、正文标题、正文格式规范	6分		
			（4）积极解决任务实施过程中遇到的问题	6分		
			（5）同学之间能够积极沟通	6分		
			（6）小组独立完成任务，杜绝抄袭	10分		
备注			合计	100		
小组成员签名						
教师签名						
日期						

任务三　vRealize Operations Manager 部署与应用

【任务介绍】

vRealize Operations Manager 可以通过预测分析和智能警示主动识别与解决新出现的问

项目六 虚拟化运维

题,从而确保应用程序和基础架构的最佳性能和可用性,能够在一个位置跨应用程序、存储和网络设备进行全面监控。本任务详细介绍 vRealize Operations Manage 的部署、配置以及对 vCenter 的运维监控。

【任务目标】

(1) 学会 vRealize Operations Manage 的部署。
(2) 学会 vRealize Operations Manage 的初始化配置。
(3) 学会使用 vRealize Operations Manage 对 vCenter 的运维监控。

【相关知识】

6.5 vRealize Operations Manager 简介

VMware vRealize Operations 是一个高度可扩展且直观的操作平台,可集中管理软件定义数据中心(SDDC)。它可根据业务或运营意图高效地容量管理、主动规划和智能补救、提供持续的性能优化。

它既可以单独使用,也可以作为 vRealize Suite 的一部分提供,有三个版本:标准版、高级版和 Enteprise 版。

核心解决方案提供了数十种仪表板和报告。vRealize Operations Advanced(或更高版本)还允许创建和自定义仪表板和报告。

安装 VMware vRealize Operations 的条件如下:
(1) 虚拟 CPU 和内存要求。
①4 vCPU。
②16 GB vRAM。
(2) 存储要求。
①274 GB(用于厚置备的磁盘大小)。
②数据存储空间 > 200 GB。
(3) 网络要求。
Internet 连接用于联机安装。

【任务实施】

6.6 vRealize Operations Manager 部署与应用

在安装 vRealize Operations Manager 之前,需要在 VMware 官方网站下载 vRealize Operations Manager OVA 映像,在本任务中使用的是 Realize - Operations - Manager - Appliance - 8.6 OVA 映像。本任务是在前期项目完成的基础上进行的,需已经完成虚拟化平台建设,并通过 vCenter Server 操作。

授课视频:
vRealize Operations
Manager 部署与应用

1. 部署 vRealize Operations Manager

（1）在 vSphere Client 界面，右击数据中心的名称，在快捷菜单中选择"部署 OVF 模板…"，如图 6-76 所示。

操作视频：
部署 vRealize
Operations Manager

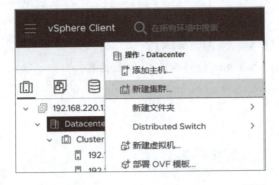

图 6-76　部署 vRealize Operations Manager 界面 1

（2）在"1. 选择 OVF 模板"界面，勾选"本地文件"，单击"上载文件"按钮，浏览选中 vRealize Operations Manager OVA 模板，单击"下一页"按钮，如图 6-77 所示。

图 6-77　部署 vRealize Operations Manager 界面 2

（3）在"2. 选择名称和文件夹"界面，在"虚拟机名称"右侧输入栏中输入虚拟机名称，并为虚拟机选择驻留位置，单击"下一页"按钮，如图 6-78 所示。

图 6-78　部署 vRealize Operations Manager 界面 3

(4) 在"3. 选择计算资源"界面，选择计算资源，当兼容性检查成功后，单击"下一页"按钮，如图 6-79 所示。

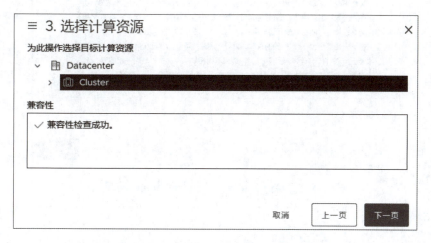

图 6-79　部署 vRealize Operations Manager 界面 4

(5) 在"4. 查看详细信息"界面，可以查看 OVA 模板详细信息，单击"下一页"按钮，如图 6-80 所示。

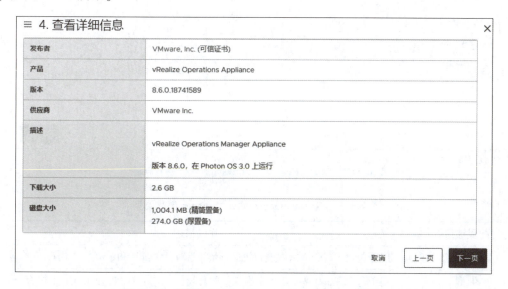

图 6-80　部署 vRealize Operations Manager 界面 5

(6) 在"5. 许可协议"界面，勾选"我接受所有许可协议"，单击"下一页"按钮，如图 6-81 所示。

(7) 在"6. 配置"界面，部署配置包括 8 个选项，分布为"小型""中型""大型""远程收集器（标准）""远程收集器（大型）""Witness""超小型""超大型"，本任务中选择"小型"，单击"下一页"按钮，如图 6-82 所示。部署配置类型的详细描述见表 6-1。

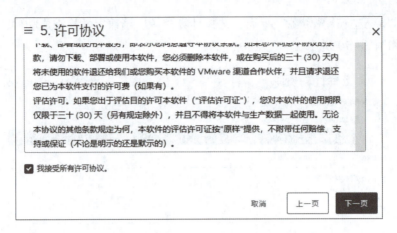

图6-81 部署vRealize Operations Manager 界面6

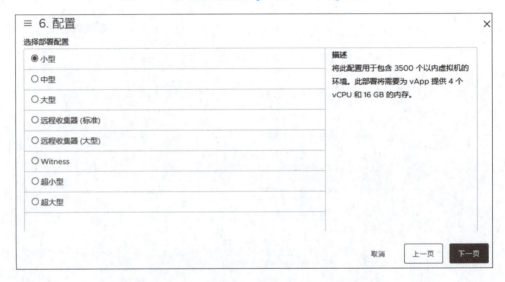

图6-82 部署vRealize Operations Manager 界面7

表6-1 vRealize Operations Manager 部署类型

配置选项	详细描述
小型	用于包含3 500个以内虚拟机的环境。需4个vCPU和16 GB的内存
中型	用于包含3 500~11 000个虚拟机的环境。需8个vCPU和32 GB的内存
大型	用于包含11 000个以上虚拟机的环境。需16个vCPU和48 GB的内存
远程收集器（标准）	在中小型环境中部署远程收集器。需2个vCPU和4 GB内存
远程收集器（大型）	在大型环境中部署远程收集器。需4个vCPU和16 GB内存
Witness	使用此配置为启用CA的集群部署见证节点。此部置将需要2个vCPU和8 GB内存用于vAPP
超小型	单节点非HA和双节点HA设置时使用此配置。需2个vCPU和8 GB内存
超大型	用于包含20 000~45 000个虚拟机的环境。需24个vCPU和128 GB的内存

(8) 在"7. 选择存储"界面,选择存放虚拟机配置文件和磁盘文件的存储,"选择虚拟磁盘格式"选择"精简置备",选择虚拟机存储位置,其他均保持默认值。在兼容性检查成功后,单击"下一页"按钮,如图 6-83 所示。

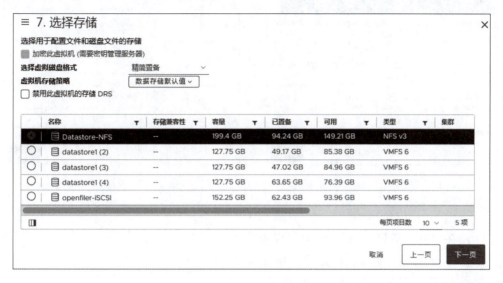

图 6-83　部署 vRealize Operations Manager 界面 8

(9) 在"8. 选择网络"界面,选择正确的目标网络,单击"下一页"按钮,如图 6-84 所示。

图 6-84　部署 vRealize Operations Manager 界面 9

(10) 在"9. 自定义模板"界面完成时区的设置、是否使用 IPv6 设置以及网络配置,时区设置选择"Asia/Shanghai",本任务中,网络配置仅填写"Default Gateway""Network 1 IP Address"和"Network 1 Netmask",单击"下一页"按钮,如图 6-85~图 6-87 所示。

图 6-85 部署 vRealize Operations Manager 界面 10

图 6-86 部署 vRealize Operations Manager 界面 11

(11) 在 "10. 即将完成"界面，检查所选信息是否正确，确认无误后，单击 "完成"按钮开始安装，如图 6-88 所示。vCenter Server 开始导入 OVF 软件包，部署 OVF 模板，在 vSphere Client 界面的近期任务中可以查看导入 OVF 软件包，部署 OVF 模板的进度，如图 6-89 所示。在部署完成后，开启虚拟机 vRealize – Operations – Manager，开始自动安装。安装完成后，系统界面如图 6-90 和图 6-91 所示。

图 6-87 部署 vRealize Operations Manager 界面 12

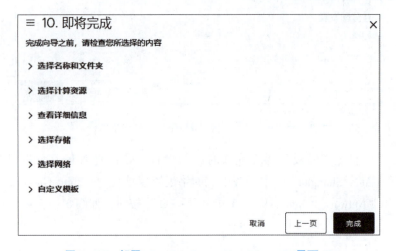

图 6-88 部署 vRealize Operations Manager 界面 13

项目六 虚拟化运维

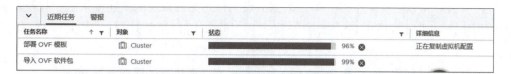

图 6-89　部署 vRealize Operations Manager 界面 14

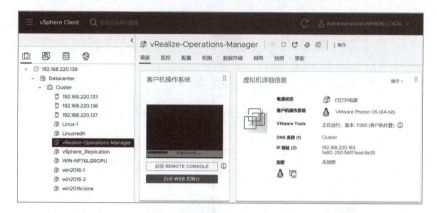

图 6-90　部署 vRealize Operations Manager 界面 15

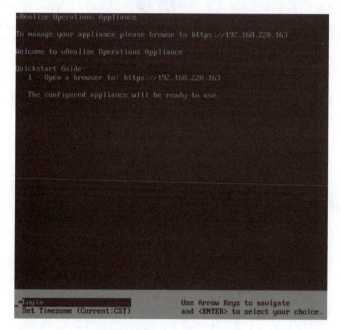

图 6-91　部署 vRealize Operations Manager 界面 16

2. 初始化配置 vRealize Operations Manager

（1）开启虚拟机 vRealize Operations Manager，在浏览器中输入安装完成后系统界面所示的 IP 地址来访问 vRealize Operations Manager 配置界面，如图 6-92 所示。在 vRealize Operations 初始设置界面有三种类型的安装方式。

操作视频：
初始化配置 vRealize
Operations Manager

293

快速安装：可以创建主节点、添加数据节点、构建集群以及测试连接状态。与新安装相比，使用快速安装可节省时间，加快安装进程，除非用户是管理员，否则，不要使用此功能。

新安装：可以创建 vRealize Operations Manager 节点来执行关联和数据处理。

扩展现有安装：使用此选项向现有 vRealize Operations Manager 集群添加节点。

在本任务中，单击"新安装"按钮。

图 6–92　配置 vRealize Operations Manager 界面 1

（2）在"vRealize Operations 初始设置 – 入门"界面可以浏览 vRealize Operations Manager 整体部署流程，单击"下一步"按钮，如图 6–93 所示。

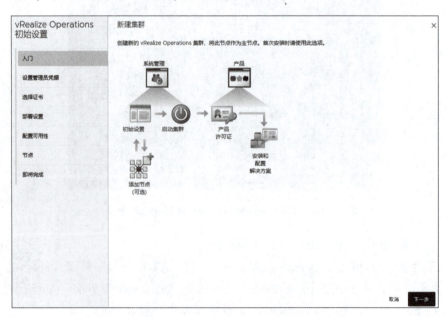

图 6–93　配置 vRealize Operations Manager 界面 2

(3) 在"设置管理员账户凭据"界面,按照密码复杂度的要求为管理员"admin"输入密码,单击"下一步"按钮,如图 6-94 所示。

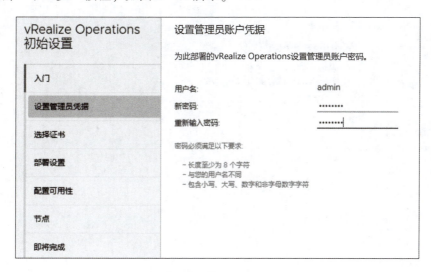

图 6-94 配置 vRealize Operations Manager 界面 3

(4) 在"选择证书"界面,选择"使用默认证书",单击"下一步"按钮,如图 6-95 所示。

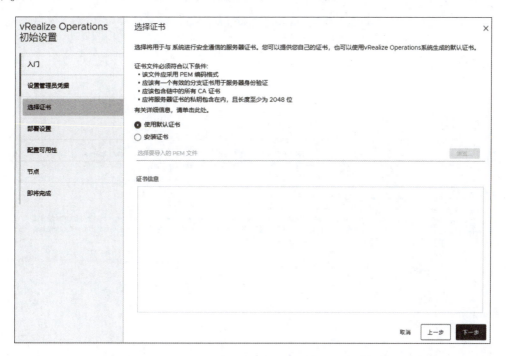

图 6-95 配置 vRealize Operations Manager 界面 4

(5) 在"部署设置"界面,输入集群主节点的名称,单击"下一步"按钮,如图 6-96 所示。

(6) 在"配置可用性"界面,不开启"可用性模式",单击"下一步"按钮,如图6-97所示。

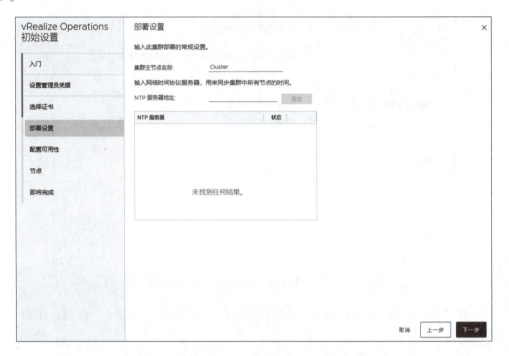

图6-96　配置 vRealize Operations Manager 界面5

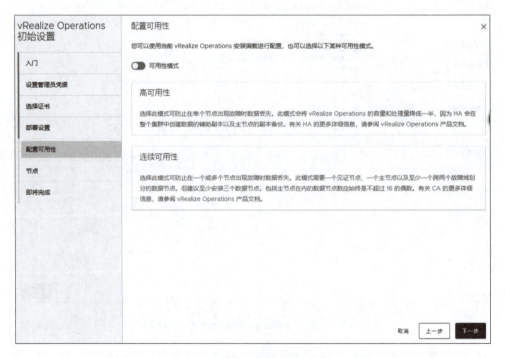

图6-97　配置 vRealize Operations Manager 界面6

（7）在"节点"界面，实验中使用单节点，不增加节点，单击"下一步"按钮，如图 6-98 所示。

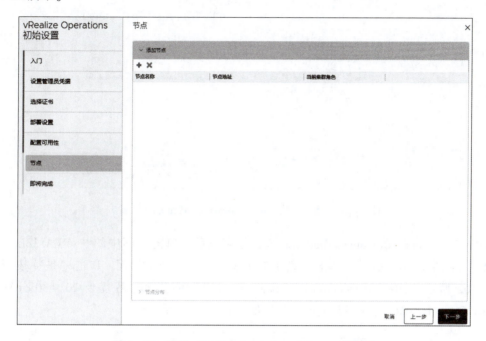

图 6-98 配置 vRealize Operations Manager 界面 7

（8）在"即将完成"界面，单击"完成"按钮，启动集群开始配置 vRealize Operations，如图 6-99 所示。图 6-100 所示为 vRealize Operations Manager 初始化设置运行界面，开始执行初始化。

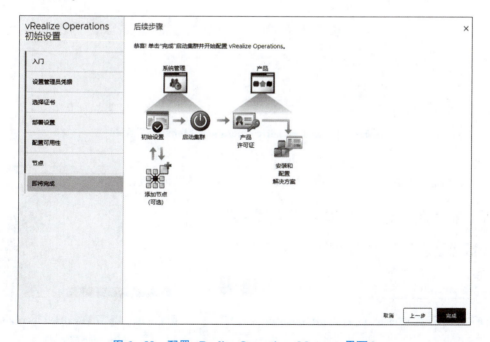

图 6-99 配置 vRealize Operations Manager 界面 8

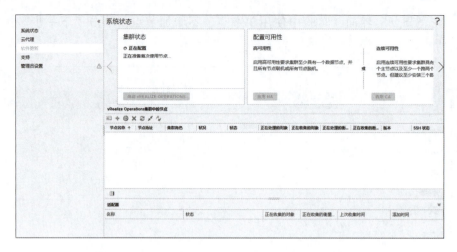

图 6-100　配置 vRealize Operations Manager 界面 9

（9）当 vRealize Operations Manager 初始化完成后，单击界面中的 "vREALIZE OPERTIONS"，如图 6-101 所示，弹出 "确认首次应用程序启动" 界面，单击 "是" 按钮，如图 6-102 所示。vRealize Operations Manager 初次启动的整个过程需要 20~30 分钟，待 vRealize Operations Manager 启动完成，弹出如图 6-103 所示界面。

图 6-101　配置 vRealize Operations Manager 界面 10

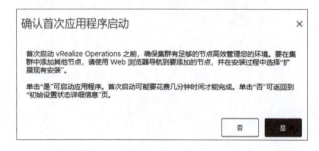

图 6-102　配置 vRealize Operations Manager 界面 11

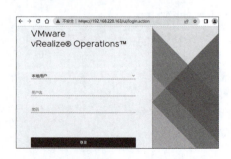

图 6-103　配置 vRealize Operations Manager 界面 12

(10) 在图 6-103 中输入用户名"admin"和密码,单击"登录"按钮,进入 vRealize Operations 配置界面,如图 6-104 所示。单击"下一步"按钮。

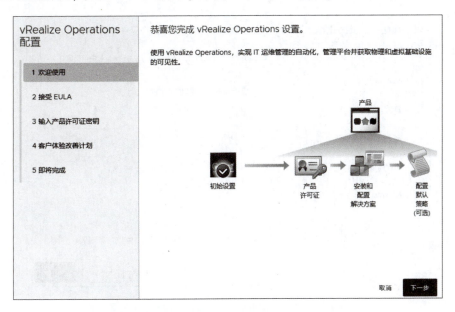

图 6-104　配置 vRealize Operations Manager 界面 13

(11) 在"接受 EULA"界面阅读并勾选"我接受本协议条款",单击"下一步"按钮,如图 6-105 所示。

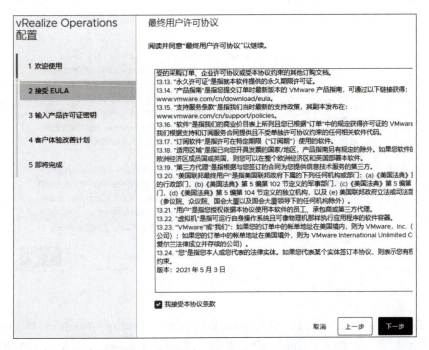

图 6-105　配置 vRealize Operations Manager 界面 14

(12) 在"输入产品许可证密钥"界面,选择"产品密钥(不需要任何密钥)",单击"下一步"按钮,如图 6-106 所示。

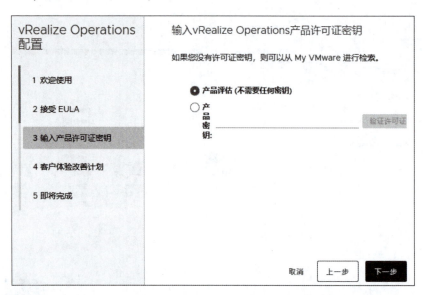

图 6-106　配置 vRealize Operations Manager 界面 15

(13) 在"客户体验改善计划"界面,自行勾选"加入 VMware 客户体验改善计划",单击"下一步"按钮,如图 6-107 所示。

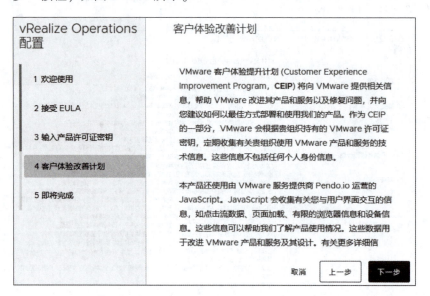

图 6-107　配置 vRealize Operations Manager 界面 16

(14) 在"即将完成"界面,单击"完成"按钮,vRealize Operations Manager 开始安装和配置解决方案,如图 6-108 所示。至此,vRealize Operations Manager 的初始化配置全部完成。

项目六 虚拟化运维

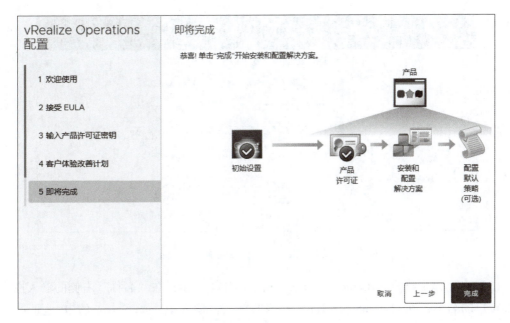

图 6-108 配置 vRealize Operations Manager 界面 17

3. 使用 vRealize Operations Manager 实现运维管理

(1) 登录到 vRealize Operations Manager 管理界面,在管理界面包括主页、数据流、环境、可视化、故障排除、优化、计划、配置、自动化中心、系统管理菜单项,如图 6-109 所示。

操作视频:
使用 vRealize Operations
Manager 实现运维管理

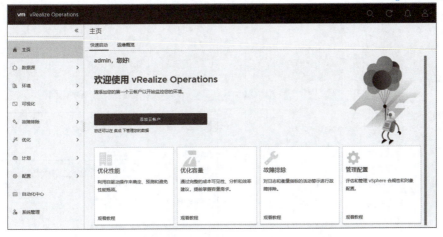

图 6-109 使用 vRealize Operations Manager 界面 1

(2) 配置 vRealize Operations Manager 与 vCenter Server 关联

在 vRealize Operations 界面,从左侧菜单中选择"数据源"→"集成",然后在右侧窗格中的在"账户"选项卡中,单击"添加账户",单击 vCenter 图标,如图 6-110 所示。

301

图 6–110　使用 vRealize Operations Manager 界面 2

(3) 在"添加账户–vCenter"界面，如图 6–111 所示，在"名称"右侧的输入栏输入添加账户的名称；在"vCenter Server"右侧的输入栏输入 vCenter Server 的 IP 地址；单击"凭据"右侧的"+"，在弹出的"管理凭据"界面，如图 6–112 所示，输入凭据名称、vCenter Server 登录时的用户名和密码，单击"确定"按钮返回到"添加账户–vCenter"界面，单击该界面中的"验证连接"按钮，弹出"检查并接受证书"界面，单击"接受"按钮，如图 6–113 所示；测试连接成功后会，弹出"测试连接成功"界面，单击"确定"按钮，如图 6–114 所示。

图 6–111　使用 vRealize Operations Manager 界面 3

图 6–112　使用 vRealize Operations Manager 界面 4

图 6 – 113　使用 vRealize Operations Manager 界面 5

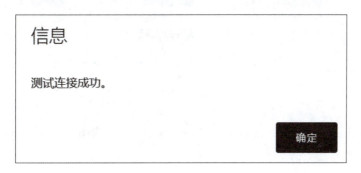

图 6 – 114　使用 vRealize Operations Manager 界面 6

（4）返回到 vRealize Operations 界面，从左侧菜单中，选择"数据源"→"集成"，在右侧窗格中可以看到新增加的账户，如图 6 – 115 所示。

图 6 – 115　使用 vRealize Operations Manager 界面 7

（5）vRealize Operations Manager 与 vCenter Server 关联完成，vCenter Server 管理的数据中心、集群、主机、虚拟机、数据存储数量、运行状态等信息在 vRealize Operations 界面汇总，如图 6 – 116 所示。

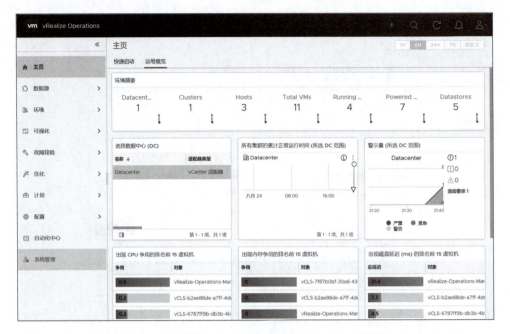

图 6-116　使用 vRealize Operations Manager 界面 8

【任务总结】

在本任务中完成了 vRealize Operations Manager 的部署、初始化配置并使用 vRealize Operations Manager 实现运维管理。

【任务评价】

序号	主要内容	考核要求	评分标准	配分	扣分	得分
1	方案设计	项目规划设计	（1）网络规划设计符合任务要求	5分		
			（2）设备配置规划设计符合任务要求	5分		
2	任务实施	（1）部署 vRealize Operations Manager； （2）初始化 vRealize Operations Manager； （3）使用 vRealize Operations Manager 实现运维管理	（1）正确部署 vRealize Operations Manager	15分		
			（2）初始化配置 vRealize Operations Manager	20分		
			（3）配置 vRealize Operations Manager 与 vCenter Server 关联，查看 vCenter Server 中虚拟机运行状态	15分		

续表

序号	主要内容	考核要求	评分标准		配分	扣分	得分
3	职业素养	（1）遵守学校纪律，保持实训室整洁干净；（2）文档排版规范；（3）小组独立完成任务	（1）不迟到，遵守实训室规章制度，维护实训室设备		6分		
			（2）能够正确使用截图工具截图，每张图有说明、有图标		6分		
			（3）任务书中页面设置、正文标题、正文格式规范		6分		
			（4）积极解决任务实施过程中遇到的问题		6分		
			（5）同学之间能够积极沟通		6分		
			（6）小组独立完成任务，杜绝抄袭		10分		
备注			合计		100		
小组成员签名							
教师签名							
日期							